普通高等教育艺术设计类专业“十三五”系列规划教材

art
A D
design

Photoshop 实用教程 精华版

许裔男 杨 阳 主编

全国百佳图书出版单位

化学工业出版社

·北 京·

本书共分6章，包括：初识Photoshop、作图前的准备、抠像、调色、特效、照片处理。本书在内容的选取上，筛选高频知识点进行深入讲解与强化练习，力求帮助读者用最短的时间掌握软件的核心应用；在案例的选用上，以商业实际案例制作为练习内容，力求做到学以致用。在章节的安排上，按照软件的功能对工具与命令进行重新归类，帮助读者对软件的内容有更清晰的认识。

本书对于理解软件原理、快速掌握软件精华具有重要意义，可作为高等院校艺术设计专业教材，也可作为设计从业人员以及爱好者的学习参考。

图书在版编目（CIP）数据

Photoshop实用教程：精华版/许裔男，杨阳主编．北京：化学工业出版社，2017.10（2024.2重印）
普通高等教育艺术设计类专业“十三五”系列规划教材
ISBN 978-7-122-30414-8

Ⅰ.①P… Ⅱ.①许…②杨… Ⅲ.①图像处理软件-高等学校-教材 Ⅳ.①TP391.431

中国版本图书馆CIP数据核字（2017）第190807号

责任编辑：马　波　姚晓敏　　装帧设计：尹琳琳
责任校对：边　涛

出版发行：化学工业出版社（北京市东城区青年湖南街13号　邮政编码100011）
印　　装：中煤（北京）印务有限公司
787mm×1092mm　1/16　印张$13^1/_2$　字数233千字　2024年2月北京第1版第4次印刷

购书咨询：010-64518888　　售后服务：010-64518899
网　　址：http://www.cip.com.cn
凡购买本书，如有缺损质量问题，本社销售中心负责调换。

定　　价：59.00元

Photoshop

普通高等教育艺术设计类专业『十三五』系列规划教材

编审委员会

前言

FOREWORD

Photoshop 作为设计中表达创意的工具，其重要性不言而喻，如何快速掌握软件的核心内容是本书力求解决的问题。

学生在学习 Photoshop 软件时主要存在两方面的问题：

1. 在知识点的讲解方面，由于软件命令多而庞杂，大多数教材讲解平均，导致学生学习负担重且找不到重点 。

2. 在案例与练习方面，很多教材提供的案例只是单纯用来练习命令，和实际设计相去甚远，导致学生学完命令不会应用。

针对以上问题，本书提出相应的解决方案：

1. 针对命令庞杂讲解平均，我们筛选核心知识点进行深入讲解， 将软件命令按照功能重新分类，力求重点突出，结构分明。

2. 针对案例不实用，我们在说明性的小案例后面还附带综合商业案例进行练习，让学生在学习命令之后更加清楚怎么用。

Photoshop

本书共分 6 章，第 1 章由哈尔滨远东理工学院杨漾老师编写；第 2 章由杨漾老师和哈尔滨远东理工学院许裔男老师编写；第 3 章、第 4 章由许裔男老师编写；第 5 章由许裔男老师、哈尔滨信息工程学院张雨婷老师及黑龙江东方学院朱光老师编写；第 6 章由绥化学院杨阳老师及许裔男老师编写。

书中各章介绍的综合商业案例的素材图片电子版资源上传至化学工业出版社教学资源网（www.cipedu.com.cn），读者可下载资源图片进行操作练习。

书稿的顺利完成得益于各位编者的辛勤工作，在这里表示感谢。感谢化学工业出版社的工作人员对于本书的大力支持，感谢单位领导的信任，书中引用了一些网络教程，在这里一并致谢。能够对学习者有所帮助，是我们最大的心愿。

许裔男

2017 年 4 月

Photoshop

Contents

第 1 章

初识 Photoshop

〔本章知识点〕Photoshop 简介、Photoshop 的基本功能和应用领域。

〔学习目标〕了解 Photoshop 的基本功能，熟悉 Photoshop 的应用领域。

在学习 Photoshop 之前，我们先要了解一下软件的功能和应用领域，有的放矢的学习能收获更好的效果。

1.1 Photoshop 简介

Adobe Photoshop，简称“PS”，是由 Adobe Systems 开发和发行的图像处理软件，主要处理由像素构成的数字图像，使用其众多的编修与绘图工具，可以有效地进行图片编辑工作。PS 有很多功能，在图像、图形、文字、视频、出版等各方面都有涉及。

1990 年 2 月，Photoshop 版本 1.0.7（图 1-1-1）正式发行，第一个版本只要一个 800KB 的软盘（Mac）就能装下。2003 年，Adobe Photoshop 8 被更名为 Adobe Photoshop CS。2013 年 7 月，Adobe 公司推出了新版本的 Photoshop CC，自此，Photoshop CS6 作为 Adobe CS 系列的最后一个版本被新的 CC 系列取代。2016 年 11 月 2 日，Adobe 再次升级了产品线，命名为 CC 2017，至此，Adobe Photoshop CC 2017（图 1-1-2）为市场最新版本。

图 1-1-1

图 1-1-2

Adobe 支持 Windows 操作系统 、安卓系统与 Mac OS 系统。从功能上看，该软件可分为图像编辑、图像合成、校色调色及特效制作等。

图像编辑是图像处理的基础，可以对图像做各种变换，如放大、缩小、旋转、倾斜、镜像、透视等；也可进行复制、去除斑点、修补、修饰图像的残损等，如图 1-1-3 所示。

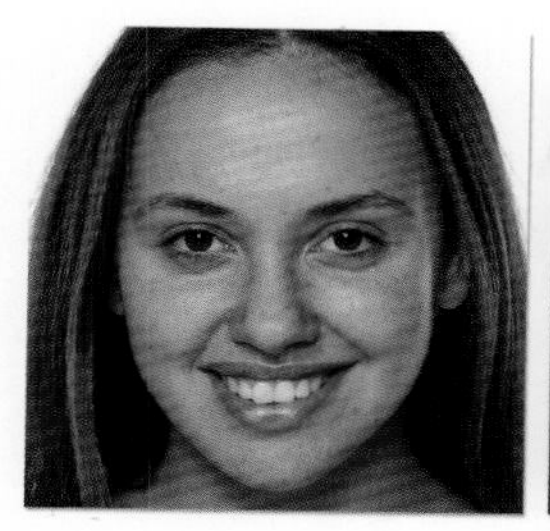

图 1-1-3

图像合成则是将几幅图像通过图层操作、工具应用合成完整的、传达明确意义的图像，这是艺术设计的必经之路。该软件提供的抠图工具让外来图像与创意很好地融合，如图 1-1-4 所示。

+

→

图 1-1-4

校色调色可方便快捷地对图像的颜色进行明暗、色偏的调整和校正，也可在不同颜色模式间进行切换以满足图像在不同领域，如网页设计、印刷、多媒体等方面的应用。

特效制作在该软件中主要由滤镜、通道及工具综合应用完成，包括图像的特效创意和特效字的制作，如油画、浮雕、石膏画、素描等常用的传统美术技巧都可由该软件特效完成，如图 1-1-5 所示。

图 1-1-5

1.2 Photoshop 应用领域

Photoshop 由于其强大的图像处理功能，一直受到广大设计师，特别是平面设计师的青睐。Photoshop 的应用领域大致包括：广告摄影与数码照片处理、平面设计与视觉创意、建筑效果图后期修饰及网页与 UI 界面制作等，下面将分别对其进行简要介绍。

图 1-2-1

（1）广告摄影与数码照片处理。广告摄影要求用最简洁的图像和文字给人以最强烈的视觉冲击，其最终作品往往要经过 Photoshop 的艺术处理才能得到满意的效果。在 Photoshop 中，可以进行各种数码照片的合成、修复和上色操作，如为数码照片更换背景、为人物更换发型、去除斑点、数码照片的偏色校正等，Photoshop 同时也是婚纱影楼设计师们的得力助手，（图 1–2–1）。

（2）平面设计与视觉创意。平面设计是 Photoshop 应用最为广泛的领域，无论是图书封面，还是招贴、海报，这些具有丰富图像的平面印刷品基本上都需要使用 Photoshop 软件对图像进行处理。视觉创意是 Photoshop 的特长，通过 Photoshop 的艺术处理可以将原本不相干的图像组合在一起，也可以发挥想象，自行设计富有新意的作品，利用色彩效果等在视觉上表现全新的创意（图 1–2–2）。

图 1-2-2

（3）建筑效果图后期修饰。在制作建筑或室内效果图的过程中，通常是在三维软件中渲染出主体模型的图片，然后通过 Photoshop 将人物、汽车与花草等配景与主体模型进行合成，最后再利用 Photoshop 进行整体色调的处理。对于三维软件不擅长的合成与调色等后期处理，都由 Photoshop 来解决（图 1-2-3）。

图 1-2-3

（4）网页与 UI 界面制作。网络的迅速普及是促使更多的人学习和掌握 Photoshop 的一个重要原因。在制作网页与 UI 的过程中，从素材的抠图、场景的合成、调色、网页标题与字体等设计元素的处理，到整个网页界面布局的设计，都是先由 Photoshop 制作出概念图，然后用网页建站类软件进行后台操作来实现。Photoshop 作为最为常用的图像处理软件，在网页与 UI 制作领域会发挥越来越大的作用（图 1-2-4）。

图 1-2-4

第 2 章

作图前的准备

〔本章知识点〕Photoshop 文档的基本操作、视图操作、图层操作以及操作的撤销与恢复。

〔学习目标〕熟练掌握 Photoshop 文档的基本操作、视图操作、图层操作以及操作的撤销与恢复。

了解作图前的准备，是学习图像处理的第一步，例如文档操作、视图操作、图层相关操作、操作的撤销与恢复。熟悉这些操作，对 Photoshop 的初学者来说是必不可少的。最后通过综合商业案例进行巩固提高，为深入学习后续内容打下良好基础。

2.1　文档操作

文档操作主要包括图像的新建、打开、存储，图像的裁剪与画布大小、图像的大小与旋转、选取颜色等。

2.1.1　新建、打开、存储图像

2.1.1.1　新建图像

在 Photoshop 中，可以建立新的文件，并对这个新文件进行宽度、高度、分辨率、颜色模式、背景内容以及名称等设置。使用菜单栏中的“文件 > 新建”命令或快捷键 Ctrl+N，打开新建对话框，如图 2−1−1 所示。

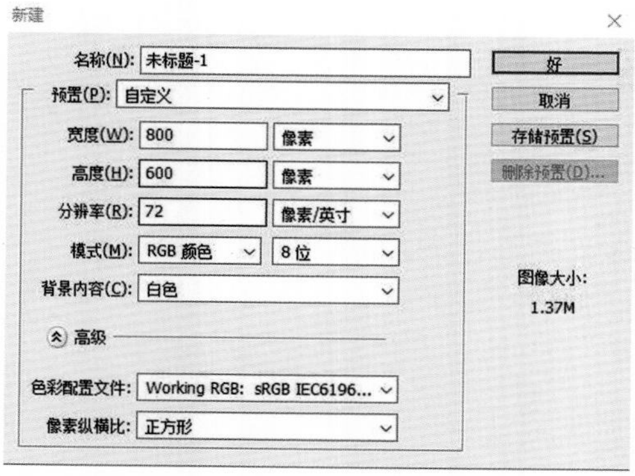

图 2-1-1

【预置】在该下拉列表框选择系统预设的一些常用图像格式。

【宽度】与【高度】设置新建图像的宽度与高度值，单位有“像素”“厘米”“英寸”等。

【分辨率】单位长度上像素数量，决定图像精度。系统默认 72 像素 / 英寸为网页标准，如果文件最终用作彩印或其他更精确的输出，其分辨率应为 300 像素 / 英寸。

【模式】系统默认 RGB 颜色模式为网页观看，印刷品应选择 CMYK 模式。

【背景内容】选择新建图像的背景色。有白色、透明色和背景色三种选择。Photoshop 采用灰白网格代表透明色。

2.1.1.2　打开图像

使用菜单命令“文件 > 打开”或快捷键 Ctrl+O，在打开对话框（图 2–1–2）【查找范围】中选择图像所在磁盘位置，选择相应的文件。【文件类型】下拉列表中可以指定要打开的文件格式从而对图像进行筛选。

在“文件”菜单下，有一组打开文件的命令，如图 2–1–3 所示。

“打开为”：以一种指定的文件格式打开文件，其操作同上。

“最近打开文件”：系统将最近操作过的文件都放在该命令下，可以通过命令快速打开最近操作过的多个文件。

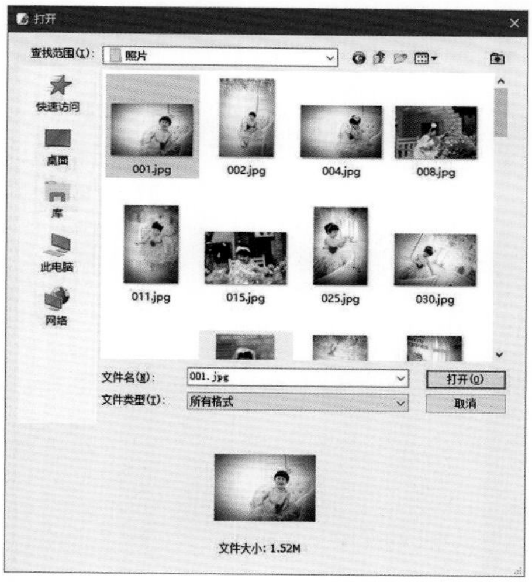

图 2-1-2

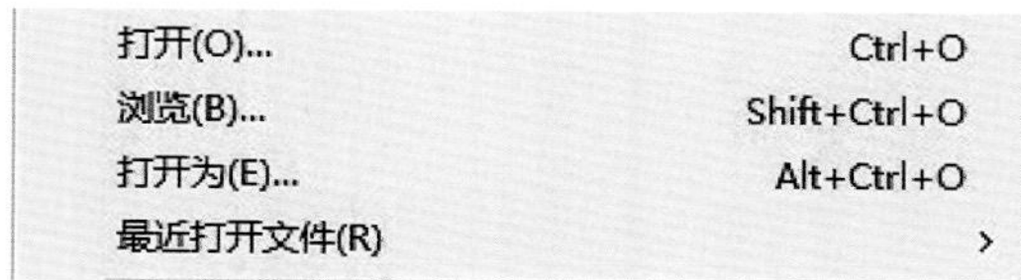

图 2-1-3

2.1.1.3　界面布局

新建或打开一个文档后，我们可以看到软件的界面布局。菜单栏是对于命令的分类集成；工具栏汇集了基本工具与选色按钮；选项栏用于设置当前工具的参数，其内容随所选工具不同而变化；调板组提供了一些命令的调板，在窗口菜单下可以调出，如图 2-1-4 所示。

图 2-1-4

2.1.1.4 存储图像

图像编辑完成后，可使用菜单命令“文件 > 存储”或快捷键 Ctrl+S 进行保存。在存储对话框中，利用【保存在】列表确定文件存储位置；在【格式】列表中选择文件的类型。若选择 PSD 格式，单击【保存】即可，若选择 JPEG 格式，单击【保存】，将弹出如图 2-1-5 所示的 JPEG 选项对话框。

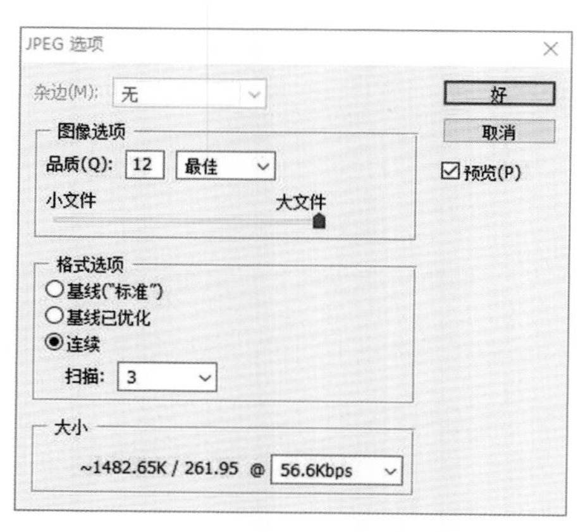

图 2-1-5

常用图像格式包括以下几种。

① PSD：Photoshop 的自身可编辑格式，支持图层、路径、通道等 Photoshop 的全部信息，还支持 Photoshop 使用的任何颜色深度和图像模式。

② TIFF：支持图层与透明度存储，支持位图、灰度、索引、RGB、CMYK 和 Lab 等图像模式，常用于出版和印刷业中。

③ JPEG：有损压缩格式，可调节压缩量而改变文件的大小，广泛应用于 Web。不支持

α 通道和透明通道，但支持路径。

④ GIF：信息量小，只支持 256 色以内图像，支持动画与透明，在 Web 上广泛应用。

⑤ PNG：无损压缩，支持透明，GIF 的替代品，也是 Web 上所接受的格式。

⑥ PDF：Adobe Acrobat 电子阅读器所使用的格式，有超文本链接，阅读方便，文件质量高于 Web 文件。它以 Photoshop PDF 格式保存时，可用位图、灰度模式、索引模式、RGB、CMYK 以及 Lab 模式保存，但不支持 α 希小斜通道。

JPEG 图像与格式选项包括以下几种选项。

① 品质：确定不同用途的图像的存储质量，品质越高，文件存储量越大。

② 基线标准：使用大多数 Web 浏览器都识别的格式。

③ 基线已优化：获得优化的颜色和稍小的文件存储空间。

④ 连续：在图像下载过程中显示一系列越来越详细的扫描效果。

2.1.2　裁剪图像、画布大小

2.1.2.1　裁剪工具

使用菜单命令“文件 > 打开”或快捷键 Ctrl+O，打开宝贝素材 1 图像，如图 2-1-6 所示。选择工具栏中的“裁剪工具”或快捷键 C，按住左键拖动鼠标创建裁剪控制框，如图 2-1-7 所示。裁剪控制框创建完成后，拖移裁剪控制框上的控制点，可改变裁剪图像的大小；拖移控制框的外部（光标显示为弯曲的双箭头），可调整裁剪图像的方向；按 Enter 键确定，按 Esc 键撤销操作。

图 2-1-6

图 2-1-7

若想精确设置裁剪图像的大小和分辨率，可在选项栏上预先设置相应的参数，再创建裁剪控制框，如图 2-1-8 所示。

宽度： 高度： 分辨率： 像素/英寸 前面的图像 清除

图 2-1-8

图 2-1-9

2.1.2.2 画布大小

此命令用于精确改变图像大小。增大画布会在原图像周围增加一些空白区域；减小画布时原图像也会受影响而被裁掉一部分内容。

［小案例］利用画布大小命令给照片添加白边

（1）使用菜单命令“文件 > 打开”或快捷键 Ctrl+O 打开宝贝素材 2 图像，如图 2-1-9 所示。

（2）使用菜单栏命令 “图像 > 画布大小”或快捷键 Ctrl+Alt+C，弹出画布大小对话框，显示了当前图像的原有画布大小，如图 2-1-10 所示。

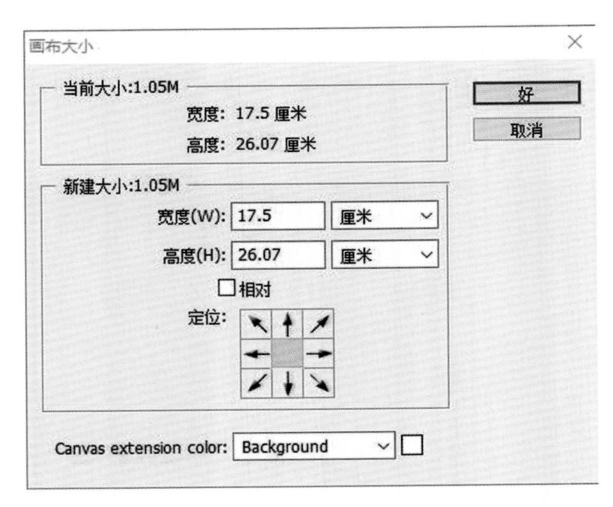

图 2-1-10

【定位】小方块表示定位点，箭头表示画布大小的改变方向。

【相对】勾选则表示画布变化的净尺寸。

（3）采用默认中心定位，将画布宽度增加 2 厘米，高度增加 1 厘米，即宽度变为 19.5 厘米，高度变为 27.07 厘米（若勾选【相对】则直接输入 2 厘米和 1 厘米），画布扩展颜色选择白色。画布大小改变后如图 2–1–11 所示。

图 2-1-11

2.1.3 图像大小、图像旋转

2.1.3.1 图像大小

打开宝贝素材 2 图像，使用菜单命令“图像 > 图像大小”，弹出图像大小对话框，其中显示了当前图像的原有大小及分辨率等信息（图 2–1–12）。与之前学习的“画布大小”不同，“画布大小”改变的只是背景的大小，图像的大小比例不会跟着画布的改变而改变，而“图像大小”改变的是当前文件的所有内容。

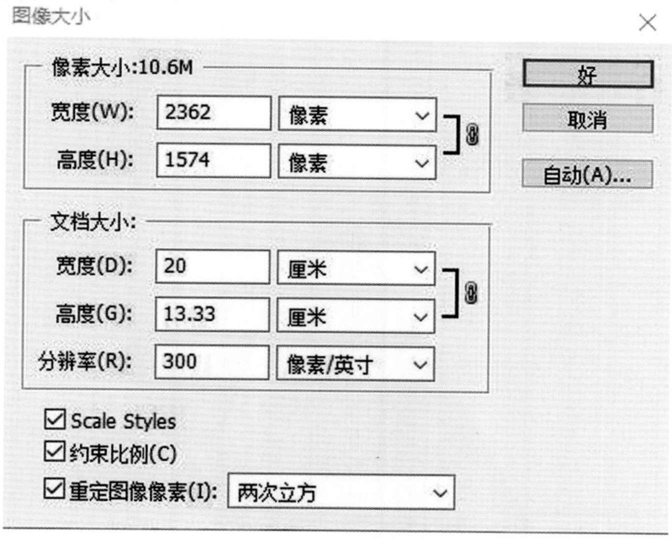

图 2-1-12

【像素大小】设置图像的像素宽度和高度，有实际和百分比两种修改方法。

【文档大小】设置图像的打印尺寸，可以选择不同的长度单位和百分比。

【分辨率】设置图像的分辨率，主要与印刷有关。

【约束比例】图像的宽度与高度等比变化。

【重定图像像素】不勾选此项，图像像素总量（质量）不变，因为像素总量等于单位像素数量（每英寸像素数量即分辨率）乘以图像尺寸，所以在像素总量不变的前提下，当分辨率改大后，图像尺寸会相应变小，画质不受影响；勾选此项，当分辨率改大后图像的单位像素数量增大，相应在同样的尺寸下像素总量就会变大，由于像素总量的增加是依靠插值（根据左右两个像素数值得到平均值插入两者中间）进行虚拟计算的方式进行的，所以虽然像素总量增大，但是画质却会变差。因此，勾选此项增加分辨率并不是获得高分辨率图像的方法，使用数码相机拍摄高分辨率的图像才是更好的方法。

2.1.3.2　图像旋转

［小案例］利用图像旋转命令旋转图像

（1）使用菜单命令“文件 > 打开”或快捷键 Ctrl+O 打开宝贝素材 2 图像，使用菜单命令“图像>图像旋转>任意角度”,弹出旋转画布对话框（图 2-1-13）。选择【顺时针】旋转方向，设置旋转角度为 30°。

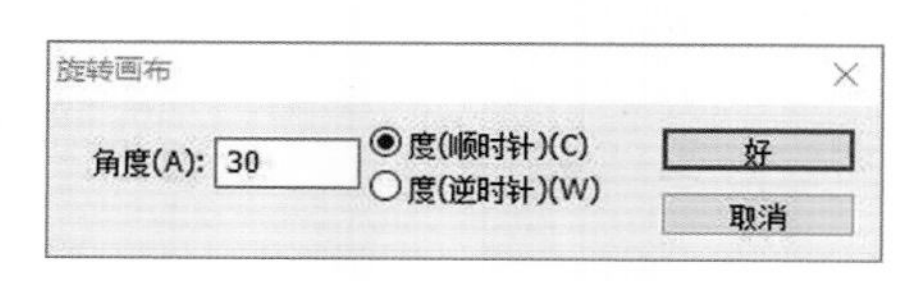

图 2-1-13

（2）画布旋转后出现的空白区域以背景色填充，画布旋转后的图像如图 2-1-14 所示。

图 2-1-14

2.1.4 选取颜色

在Photoshop工具栏底端有两个色块(图2-1-15),用于取色和填色用。前面的叫前景色，后面的叫背景色，系统默认前黑后白。

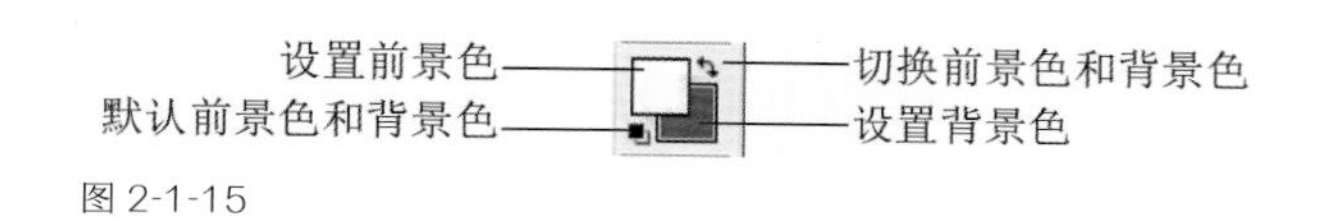

图 2-1-15

【默认前景色和背景色】将前背景色设置为系统默认的黑白，快捷键是 D。

【切换前景色和背景色】使前景色和背景色对换，快捷键是 X。

单击前景色或背景色的色块，打开拾色器对话框，在光谱上单击或拖移三角滑块选择色相，在选色区某位置单击，进一步确定颜色的亮度和饱和度，如图 2-1-16 所示。

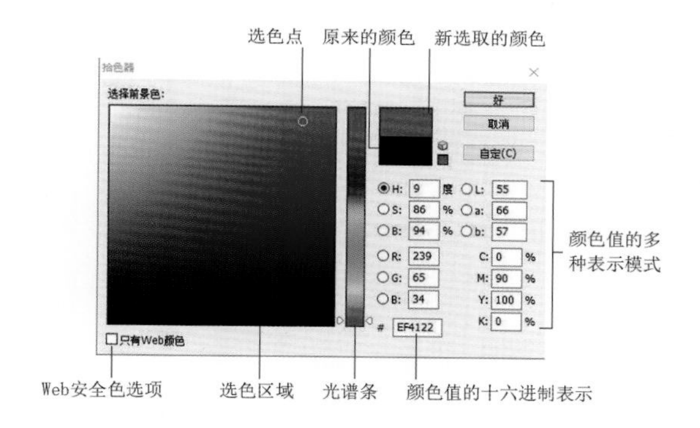

图 2-1-16

2.2 视图操作

视图操作主要指的是视图的缩放与放大之后对视图的移动。

2.2.1 视图缩放

“缩放工具”用于改变图像的显示比例，其选项栏参数如图 2-2-1 所示。

图 2-2-1

默认选项栏为【放大】选项，使用工具每单击一次，图像以一定比例放大。按住 Alt 可以在【放大】与【缩小】选项间切换，此操作的快捷键为 Ctrl+“+”与 Ctrl+“-”。

另外，“缩放工具”还具有框选放大的功能，选项栏上选择【放大】选项，按住左键拖动框选要放大的区域，松开左键该区域即可放大到整个图像窗口。

【实际像素】使图像以实际像素大小（100% 的比例）显示。

【适合屏幕】使图像以最大比例显示全部内容。

2.2.2 视图移动

“抓手工具”用于移动放大之后的视图，当我们按下“抓手工具”后，光标变成一个“小手”，这时就可以对放大后的图像进行移动来观察局部细节。使用其他工具时使用空格键可以临时切换到“抓手工具”。

2.3 图层相关操作

图层就像是把含有文字或图形等元素的胶片，一张张按顺序叠放在一起的最终效果。就像在一张张透明的玻璃纸上作画，透过上面的玻璃纸可以看见下面纸上的内容，上一层的画不会影响下面的玻璃纸。将玻璃纸叠加，通过移动各层玻璃纸的相对位置或者添加更多的玻璃纸即可改变最后的合成效果。图层中可以加入文本、图片、表格等，用于页面元素的承载与定位，如图 2-3-1 所示。

图 2-3-1

在编辑多图层图像时，应首先明确要编辑的内容位于哪一个图层，选择该图层才能对指定内容进行编辑，图层调板如图 2-3-2 所示。

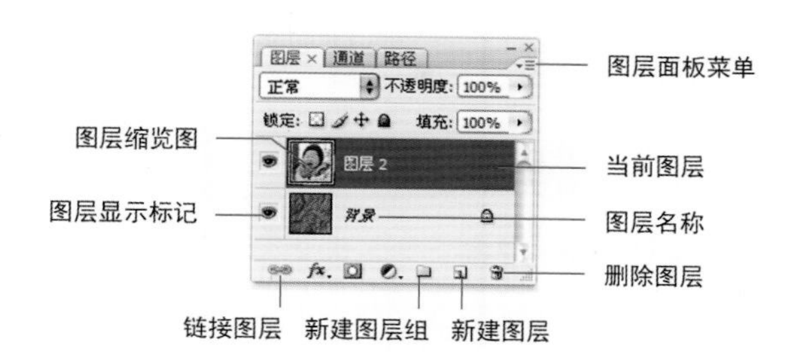

图 2-3-2

2.3.1 新建、复制、删除图层

2.3.1.1 新建图层

图层调板下方选择“新建图层按钮”或者在菜单栏选择“图层 > 新建 > 图层”，后者会弹出设置图层名称等参数的对话框（图 2-3-3），也可以新建图层后双击图层的名称重命名。

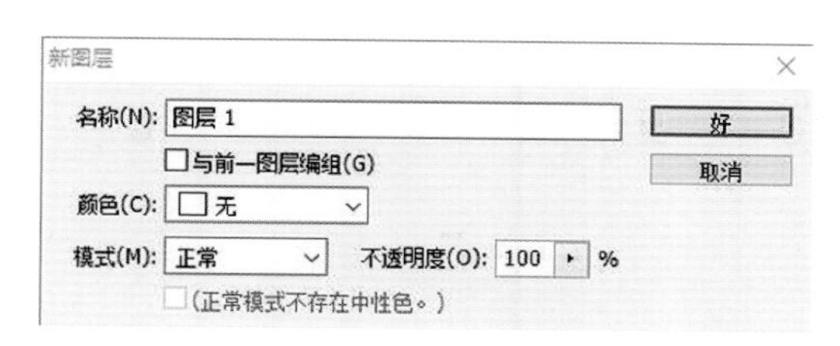

图 2-3-3

2.3.1.2 复制图层

选中图层拖到“新建图层按钮”或者在右键菜单中选择“复制图层”命令，快捷键 Ctrl+J，复制产生的图层副本位于源图层的上面，如图 2-3-4 所示。

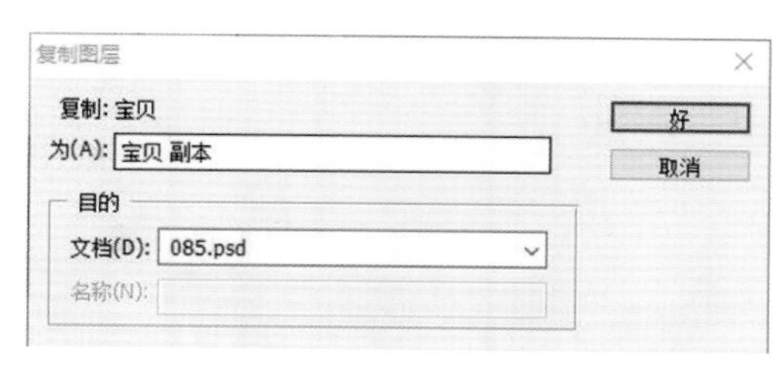

图 2-3-4

2.3.1.3　删除图层

选中图层拖到“删除图层按钮”或者在右键菜单中选择“删除图层”命令，快捷键 Del。

2.3.2　移动图层、对齐图层、图层顺序与不透明度

2.3.2.1　移动图层

使用“移动工具”可以选择和移动图层，在图层调板中点击图层缩览图即可选择图层，在想要选择的对象上点击右键也会出现相应图层名称，按住 Ctrl 点击左键也可以快速选择图层，按住 Ctrl 框选可以快速选择选框内所有图层。

2.3.2.2　对齐图层

使用“移动工具”选中多个图层后，利用选项栏中的【对齐】与【分布】选项，对图层进行排列，其选项栏如图 2-3-5 所示。

图 2-3-5

在选中多个图层后,【对齐】选项就被激活。我们可以点击相应的选项针对其特征点进行顶、底、左、右、垂直与水平中心的对齐，也可以平均分布其间距。对齐操作效果如图 2-3-6 所示。

2.3.2.3 图层顺序

图层顺序指的是图层在图层调板中的上下关系。图层上移一层的快捷键是 Ctrl+】；下移一层的快捷键是 Ctrl+【；图层置顶的快捷键是 Ctrl+Shift+】；图层置底的快捷键是 Ctrl+Shift+【。

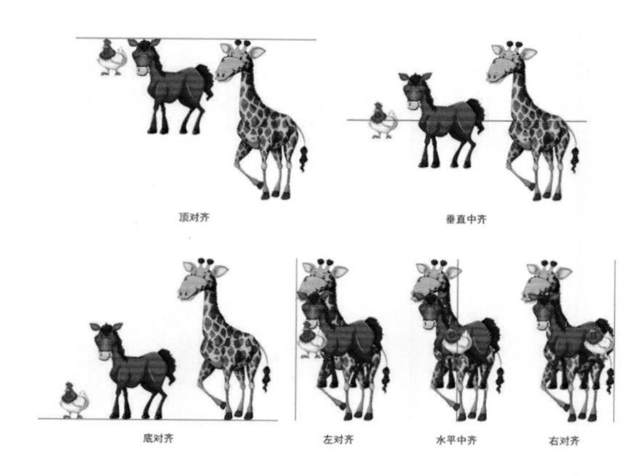

图 2-3-6

2.3.2.4 图层不透明度

图层的不透明度可以通过数字键进行快捷实现，比如想把图层的不透明度调节成 50%，按数字 5 键即可；如果想要更加精确的数值比如 55%，快按数字键 55 即可。

2.3.3 文字工具与文字层

使用“文字工具”可以创建文字层，快捷键是 T。“文字工具”的选项栏可以设置文字的字体和字号等基本属性。PS 中的文字可以分为三类：纯文字、路径轨迹文字和路径区域文字。

纯文字可以通过点击或者拉框直接创建。点击创建的是单行文字，适合标题或者较少的文字。拉框创建的是多行文字，可以通过改变文本框的宽窄来改变文字的宽度，适合大段文字的编辑，如图 2-3-7 所示。

路径轨迹文字需要先用钢笔或者画形工具（选项栏中选择【单纯路径】）创建一条路径（路径工具会在下一章详细讲解），用“文字工具”在路径上出现“~”号时点击即可生成。输入文字后使用“路径选择工具”可以对文字进行移动和转换方向，如图 2-3-8 所示。

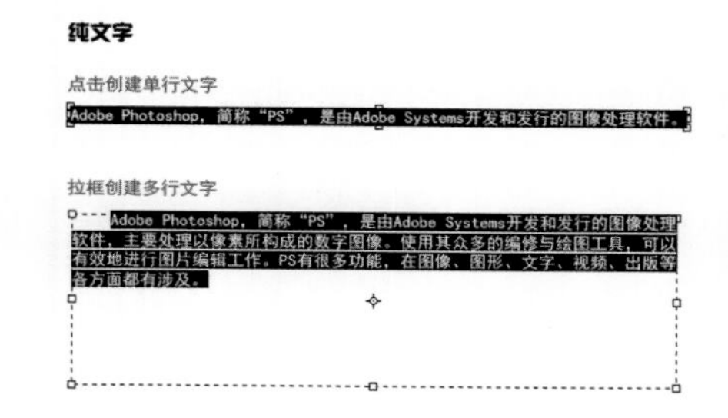

图 2-3-7

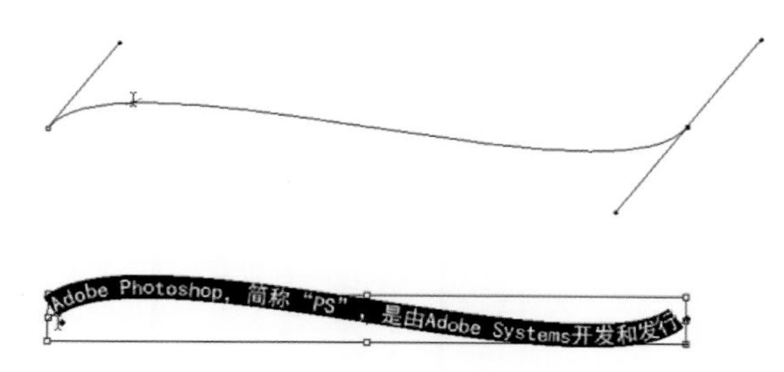

图 2-3-8

路径区域文字需要先用路径类工具（选项栏中选择【单纯路径】）创建一个封闭形，用“文字工具”在路径形内部出现尖括号时点击生成，如图 2-3-9 所示。

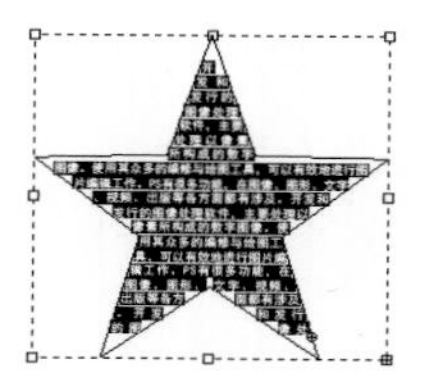

图 2-3-9

文字创建完成后，可以通过字符与段落调板对文字的字体、字号、行间距、字间距、段落样式等属性进行详细设置（图 2-3-10），调板可以通过窗口菜单找到。字号的快捷键是 Ctrl+Shift+ 逗号 / 句号，行间距的快捷键是 Alt+ 上 / 下，字间距的快捷键是 Alt+ 左 / 右，基线偏移的快捷键是 Ctrl+Shift+Alt+ 上 / 下。

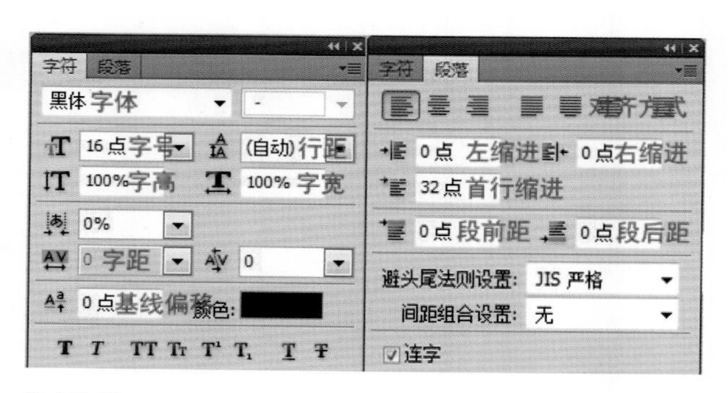

图 2-3-10

2.3.4 自由变换

使用菜单命令“编辑 > 自由变换”可以对图层中的对象进行旋转、缩放、扭曲等相应的变换操作，快捷键是 Ctrl+T。

新建文档，背景填充黑色，将图 2-3-11 的苹果素材移入至文档中。

执行命令后，鼠标在变换框外出现双向弯箭头可以旋转对象，在框上出现双向箭头可以单方向缩放，在角上出现双向箭头可以两个方向的缩放（按住 Shift 可以等比缩放，按住 Alt 可以中心点缩放），按住 Ctrl 键拖角可以进行扭曲，按住 Ctrl 键拖边可以倾斜，按住 Ctrl+Shift+Alt 三键拖角可以进行透视变化，右键选择变形可以进行弧度变化。自由变换效果如图 2-3-12 所示。

图 2-3-11

图 2-3-12

[小案例] 利用自由变换命令给手机更换壁纸

（1）使用菜单命令“文件 > 打开”或快捷键 Ctrl+O 打开手机与手机壁纸素材图像，如图 2–3–13、图 2–3–14 所示。

图 2-3-13

图 2-3-14

（2）将壁纸素材移入手机素材文档中，作为其上一层，执行 Ctrl+T 自由变换命令，如图 2–3–15 所示。

（3）按住 Ctrl 移动壁纸图像的角点，对图像进行扭曲操作，对齐到手机屏幕的四角，如图 2–3–16 所示。

图 2-3-15

图 2-3-16

（4）对好位置后，双击壁纸图像图层，在弹出的图层样式对话框中勾选【外发光】选项并切换到其内部调节参数，如图 2-3-17 所示。

图 2-3-17

（5）使用“文字工具”，创建 00：25 的文字层，如图 2-3-18 所示。

图 2-3-18

（6）对文字层执行 Ctrl+T 自由变换命令，分别旋转其角度、缩放其大小、按住 Ctrl 拖动边缘进行倾斜操作，力求文字的透视关系与手机和壁纸一致，如图 2-3-19 所示。

图 2-3-19

（7）最终效果如图 2-3-20 所示。

图 2-3-20

2.4 操作的撤销与恢复

撤销与恢复操作的方法有两种，一是使用菜单栏“编辑 > 后退”和“编辑 > 前进”，快捷键为 Ctrl+Alt + Z 和 Ctrl+ Shift+ Z；二是使用菜单栏“窗口 > 历史记录”，点击切换到想要恢复的状态，如图 2-4-1 所示。

图 2-4-1

2.5 综合商业案例：制作卡片

［制作思路］通过对背景图案的两次扩展得到黑色底，键入文字并变形文字。

［技术看点］画布大小、文字工具、图层对齐、自由变换。

（1）使用菜单命令“文件 > 打开”或者快捷键 Ctrl+O 打开红色底纹背景素材图像，如图 2-5-1 所示。

（2）使用菜单命令“图像 > 画布大小”或快捷键 Ctrl+Alt+C，在弹出的对话框中以默认中心为定位，勾选【相对】选项，【宽度】、【高度】都增加 20 像素，【扩展颜色】选择黑色，这样就给原有背景加了一个黑色边缘，如图 2-5-2 所示。

图 2-5-1

（3）再次使用菜单命令“图像 > 画布大小”，在弹出的对话框中以上中为定位，勾选【相对】选项，【高度】增加 50 像素，【扩展颜色】选择黑色，如图 2-5-3 所示，单独向下方扩展了一个黑边。

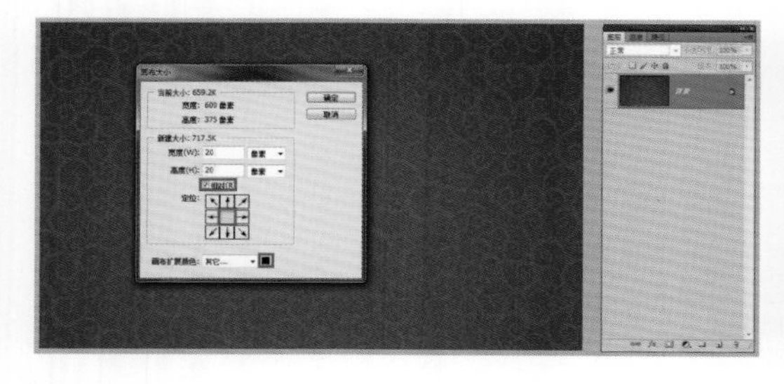

图 2-5-2

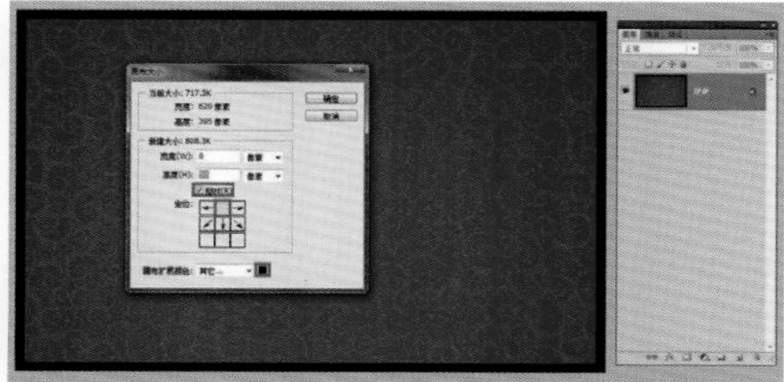

图 2-5-3

（4）使用“文字工具”创建文字，并设置相应字体和字号，如图 2-5-4 所示。

图 2-5-4

（5）使用“移动工具”选择所有图层，点击选项栏中的【水平居中对齐】按钮，进行居中对齐，如图 2-5-5 所示。

（6）文字层右键，将文字层转为智能对象（智能对象可保护素材的原始信息，后续章节会进行详细介绍），如图 2-5-6 所示。

图 2-5-5

图 2-5-6

（7）对文字层执行 Ctrl+T 自由变换命令，按住 Ctrl+Shift+Alt 拖动角点执行透视变化，如图 2–5–7 所示。

（8）还是在自由变换命令下，点击右键选择变形命令，如图 2–5–8 所示。

图 2-5-7

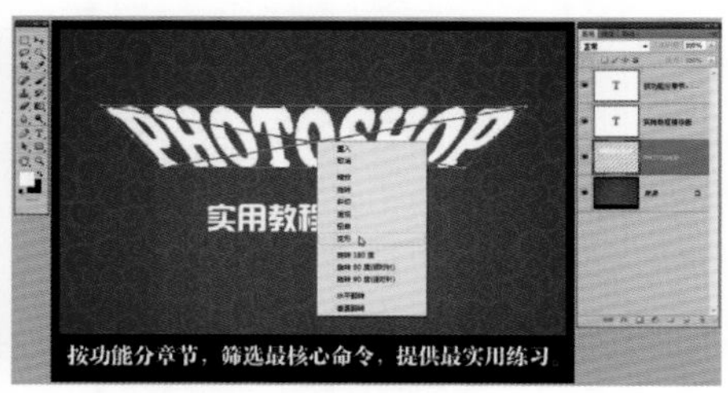

图 2-5-8

（9）将透视的文字调成弧形效果，如图 2–5–9 所示。

（10）最终效果，如图 2–5–10 所示。

图 2-5-9

图 2-5-10

2.6　综合商业案例：制作明信片

［制作思路］新建文档制作多个红色框与线，移入其他素材并键入文字。

［技术看点］新建文档、描边、图层复制与分布、自由变换、铅笔与文字工具。

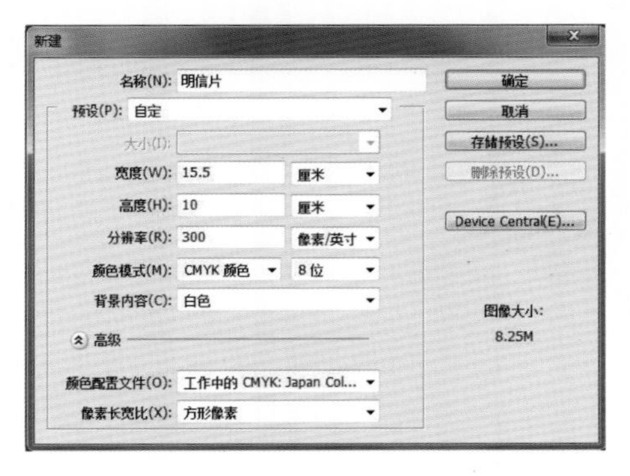

图 2-6-1

（1）使用菜单命令“文件 > 新建”或快捷键 Ctrl+N，新建一个 15.5 厘米 ×10 厘米、300 像素 / 英寸、CMYK 颜色模式（8 位）、白色背景的图像，文件名称为明信片，如图 2–6–1 所示。

（2）新建图层1，选择选项栏上的【样式】中【固定大小】,【宽度】和【高度】均为85像素，创建一个正方形选区，如图2-6-2所示。

羽化: 0 像素 消除锯齿 样式: 固定大小 宽度: 85 像素 高度: 85 像素

图2-6-2

（3）使用菜单命令“编辑＞描边”为正方形选区描边，描边宽度为4像素，颜色为红色，取消选区，如图2-6-3所示。

图2-6-3

（4）使用“移动工具”，按住Alt键移动复制图层，移动的同时按住Shift保持水平方向。重复这个操作几次，共得到6个一样的红色方框。使用移动工具按住Ctrl框选6个方框，点击选项栏上的【按左分布】按钮，将6个红色方框按水平方向平均分布，最终效果如图2-6-4所示。

图2-6-4

（5）使用菜单命令“文件＞打开”或者快捷键Ctrl+O打开埃菲尔铁塔素材，选择“移动工具”将其图层拖移到明信片文件中的左下角，如图2-6-5所示。

（6）使用相同方法将中国邮政标志素材图像与邮票素材图像一起移入到明信片文档，并使用Ctrl+T自由变换命令调节大小与位置。选择邮票图层，按住Ctrl键点击载入邮票图层的选区，使用菜单命令“编辑＞描边”为邮票选区描边，宽度为2像素，颜色为黑色，取消选区，如图2-6-6所示。

图2-6-5

图2-6-6

（7）新建图层，使用“铅笔工具”，设置大小为 2 像素。按 Shift 绘制水平直线。选择“移动工具”，按住 Alt 键移动复制图层，移动的同时按住 Shift 保持垂直方向。重复这个操作 1 次，共得到 3 条黑色水平线。使用移动工具按住 Ctrl 框选 3 条水平线，点击“移动工具”选项栏上的【按顶分布】选项，将 3 条水平线按垂直方向平均分布，如图 2-6-7 所示。

图 2-6-7

（8）使用“文字工具”在信封的右下角创建文本，使用黑色，字号 14 点，最终效果如图 2-6-8 所示。

图 2-6-8

第 3 章

抠像

〔本章知识点〕抠图工具、图层蒙板与调整边缘、混合模式与混合颜色带。

〔学习目标〕掌握不同情况、不同轮廓下抠图工具的综合运用。

抠像是设计过程中经常遇到的内容，需要一定的技巧和耐心。本章将不同类型的图像按照其边缘特点进行简化分类，读者可以根据不同的边缘情况采用不同的抠像策略，以期达到最好的效果。

3.1 规则边缘——矩形圆形选区工具

抠像最传统的手法是利用选区完成，选区的作用主要是选择要编辑的图像区域，保护选区外的图像免受损坏。

对于边缘比较规则的图像，通常会使用矩形或圆形选区工具组来创建选区。此工具组主要包括矩形与圆形选区工具，快捷键是 M，同组工具间切换的快捷键加 Shift。矩形圆形选区工具不但可以创建规则的几何选区，还可以利用工具选项栏中选区的【加减运算】选项生成更加复杂的形状。矩形选区工具的选项栏参数如图 3-1-1 所示。

图 3-1-1

3.1.1 规则选区的基础操作

创建选区：选择矩形或圆形选区工具按住左键拖动，以对角线的长度和方向创建矩形选区。创建时若按住 Shift 键创建正方形或正圆选区，按住 Alt 键是以鼠标单击点作为中心进行创建。

修改选区：选区创建完成后，选区内点右键选择变换选区可以修改选区。

移动选区：选区创建完成后，光标放在选区内按住左键即可移动选区。

［提示］在创建选区的过程中，按下空格可对选区的位置进行调整，松开空格，可继续

对选区的大小进行定义，即空格键可以实现选区修改与移动的切换。

取消选区：光标在选区外单击“选择菜单 > 取消选区”，快捷键是 Ctrl+D。

载入选区（选择本层有像素区域）：“选择菜单 > 载入选区”，快捷键是 Ctrl+ 点击图层。

3.1.2 选区的运算

在已有选区的基础上，可在选项栏中切换为【相加或相减选区】模式。

［提示］在有选区的基础上，按住 Shift 变为加选区，按住 Alt 变为减选区，按住 Shift 和 Alt 是相交选区。

［小案例］利用选区的基础操作与运算选择照片墙中的多个照片

（1）打开照片墙素材图像，如图 3-1-2 所示。

（2）使用 “矩形选框工具”，在画面中的其中一个照片的左上角按住左键拖动，创建一个图片的选区，如图 3-1-3 所示。

图 3-1-2

图 3-1-3

（3）在选区工具的选项栏中选择【加选区】选项（或者按住 Shift），继续创建另一个照片的选区，你会发现两个选区都在，这样我们就一次选择了两张照片，如图 3-1-4 所示。

（4）使用 Ctrl+J 命令原位复制图层，这样我们就利用选区的运算操作将两张照片一起选了出来，如图 3-1-5 所示。

图 3-1-4

图 3-1-5

3.1.3 选区的羽化与填色

羽化：是在选区的边缘产生半透明的虚化效果，从而更好地与其他图像衔接。

实现选区羽化的方法：一种是在选区的选项栏中先填入羽化值，再创建选区；另一种是创建选区后，使用菜单命令“选择 > 修改 > 羽化”或使用快捷键 Shift+F6 补充羽化值。

填充前景色的快捷键为 Alt+Del。

填充背景色的快捷键为 Ctrl+Del。

［小案例］利用选区羽化与填色等命令制作砖墙挂钟效果

（1）打开挂钟与砖墙素材图像，如图 3-1-6、图 3-1-7 所示。

图 3-1-6

图 3-1-7

（2）使用“圆形选框工具”，在挂钟画面中按住 Shift 创建圆形选区，在创建过程中利用空格键在修改大小与移动位置间切换，如图 3-1-8 所示。

（3）使用“移动工具”将已选择的挂钟移动至砖墙素材的文档中，使用 Ctrl+T 自由变换命令调节大小，如图 3-1-9 所示。

图 3-1-8

图 3-1-9

（4）在挂钟图层中按住 Ctrl 点击图层载入挂钟选区，使用菜单命令“选择 > 修改 > 羽化”或快捷键 Shift+F6 补充羽化值，给挂钟选区添加羽化，如图 3-1-10 所示。

（5）新建图层，将前景色设置为黑色，使用 Alt+Del 填充黑色，作为挂钟的投影，使用 Ctrl+D 取消选区，如图 3-1-11 所示。

图 3-1-10

图 3-1-11

（6）通过图层顺序命令 Ctrl+【，将投影层调到挂钟层下，并调节投影层的位置和透明度，如图 3-1-12 所示。

图 3-1-12

3.2　异形边缘——套索工具

对于边缘不规则的图像，可以使用“套索工具组”去创建选区。套索工具组包括套索工具、多边形套索工具、磁性套索工具，快捷键都是 L。

（1）套索工具。在工具栏选择“套索工具”，在对象边缘按下左键，拖移鼠标圈选对象。首末点重合出现小圈提示闭合，若未到起点松开左键，首末点直线连接。适合选择粗略选区，控制大范围。

（2）多边形套索工具。在工具栏选择“多边形套索工具”，沿对象边缘连续单击，使用两点连线的方式圈选对象，首末点相连或双击直线连接完成选区。如果单击建立的点的位置错误，可以使用 Delete 键进行撤销。

（3）磁性套索工具。在工具栏选择“磁性套索工具”，在对象边缘单击左键后拖动，以线的形式捕捉边缘，单击左键可强制定点。

3.3　清晰边缘——快速选择工具

对于边缘清晰的图像，可以使用“快速选择工具”创建选区。“快速选择工具”。可以通过调节笔刷的大小非常快速地识别边界。

在工具箱栏选择“快速选择工具”，快捷键 W。选项栏调节适当的笔刷大小，在对象内部按下左键拖移鼠标，以面的形式捕捉边缘行来选区。

［提示］利用【 】控制笔刷大小；使用工具选项栏默认为【加选区】模式，按住 Alt 为【减选区】模式；Caps Lock 键是正常光标与精准光标切换，通常使用正常光标可以看到笔刷大小。

［小案例］利用多边形套索与快速选择工具制作恐龙关在栅栏里的效果

（1）打开栅栏与恐龙素材图像，如图 3-3-1，图 3-3-2 所示。

图 3-3-1

图 3-3-2

图 3-3-3

（2）使用“快速选择工具”，在恐龙画面中按住左键自动识别创建恐龙选区，创建过程中可以通过【 】调节笔刷大小，并按住 Alt 键进行加减调整，如图 3-3-3 所示。

（3）恐龙的牙齿等细节，可以使用“多边形套索工具”，在选项栏中选择【减选区】或者【加选区】的选项后修改选区，这样我们就实现了在原有选区基础上再选区的加减运算，获得更加准确的区域，如图 3-3-4 所示。

（4）将选好的恐龙用“移动工具”移动到栅栏文档中，作为其上一层，使用 Ctrl+T 自由变换命令等比调节大小，如图 3-3-5 所示。

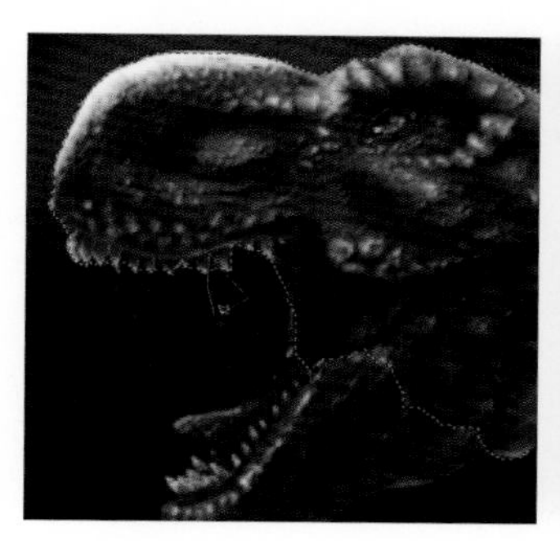

图 3-3-4

图 3-3-5

（5）选择“多边形套索工具”，在其选项栏选择【加选区】模式，选择栅栏的选区，如图 3-3-6 所示。

（6）使用 Ctrl+J 命令将栅栏复制到新图层，并将恐龙图层置于背景与栅栏层之间，这样就制造了一个栅栏关恐龙的效果，如图 3-3-7 所示。

图 3-3-6

图 3-3-7

3.4　颜色一致——魔棒工具

对于颜色一致的图像，特别是背景颜色一致的图像，我们可以使用“魔棒工具”选择相同色，然后反选拿到选区。还可以通过魔棒工具选项栏中容差大小与是否连续的选项，快速选择相同或者相近色。

在工具栏选择“魔棒工具”，快捷键 W。在对象内部点击左键一次性选择相同的颜色。

【容差】控制受选范围，容差越大，能选中的颜色越多。

【连续】勾选连续，容差内相连的颜色才能被选中，否则将选中容差内所有像素，如图 3-4-1 所示。

图 3-4-1

3.5　平滑边缘——钢笔工具

有一类边缘，介于规则与异形之间，既非正方正圆，也不是完全不规则，这种情况在现实中很常见，比如一些电子产品的外形，外观呈流线型，边缘具有平滑性。对于这类边缘的图像，可以使用“钢笔工具组”去创建选区。

在工具栏中选择“钢笔工具组”，钢笔工具组包括钢笔工具、自由钢笔工具、加减锚点工具、转换点工具，快捷键 P。使用钢笔工具组创建的并不是选区，而是路径，我们需要用路径类工具才能编辑，比如路径选择工具，创建完路径后，可以通过 Ctrl+Enter 命令将路径转换为选区。

3.5.1　路径相关知识

使用“钢笔工具”的时候创建的点叫做锚点，由锚点连接的线段叫做路径片段。选中的锚点会实心显示，未选中的为空心状态。锚点又可分为平滑锚点和转角曲线点等，取决于创建方法及其性质。PS 是通过调整方向线的长度与方向来改变曲线的形态，如图 3-5-1 所示。

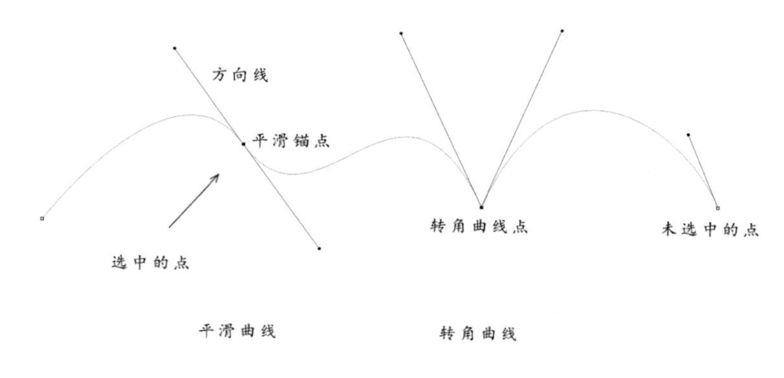

图 3-5-1

3.5.2 路径的分类与画法

根据路径的形态与功能，我们可以把它分为直线、平滑曲线、转角曲线三类。不同类型的路径有不同的创建方法。在选项栏中，第一项【图形层】是创建一个矢量图层，通常我们用来绘制色块或图；第二项【路径】是绘制单纯路径，当绘制完成后，可以使用 Ctrl+Enter 将路径转换为选区，勾选【自动添加 / 删除】选项可以在使用“钢笔工具”的时候根据钢笔在已有路径停留的位置自动切换为“加点工具”和“减点工具”，如图 3-5-2 所示

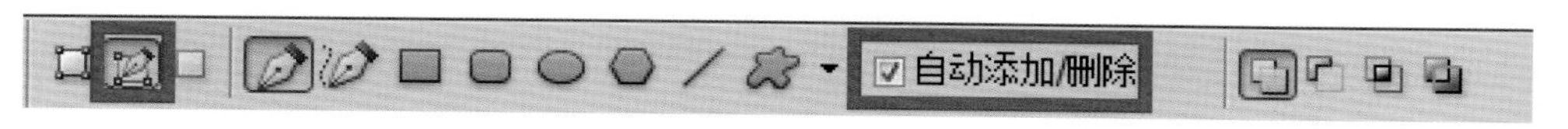

图 3-5-2

直线：连续单击，两点连线，用于创建多边形路径，用法类似多边形套索。

平滑曲线：按住左键拖拽出方向线，方向线的长度决定了弧线的长，方向线的角度决定了弧线的方向。我们可以通过控制方向线的长短与角度确定弧线的形态。创建完成后可以切换到“路径选择工具”进行修改，可修改锚点的位置并通过改变方向线修改路径的长短与角度。在创建过程中“钢笔工具”下按住 Ctrl 键可以临时切换为“选择工具”，如图 3-5-3 所示。

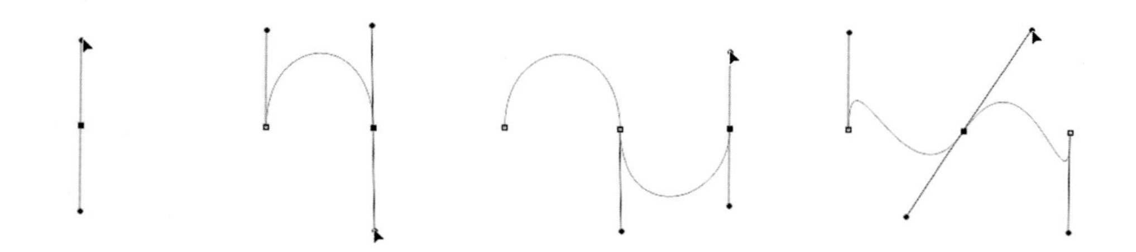

图 3-5-3

转角曲线：按住左键拖拽出方向线的时候切换到“转换点工具”，可以转换方向线的方向，从而改变曲线的方向。在创建过程中“钢笔工具”下按住 Alt 键可以临时切换为“转换点工具”，在平滑点与转角点之间转化，如图 3-5-4 所示。

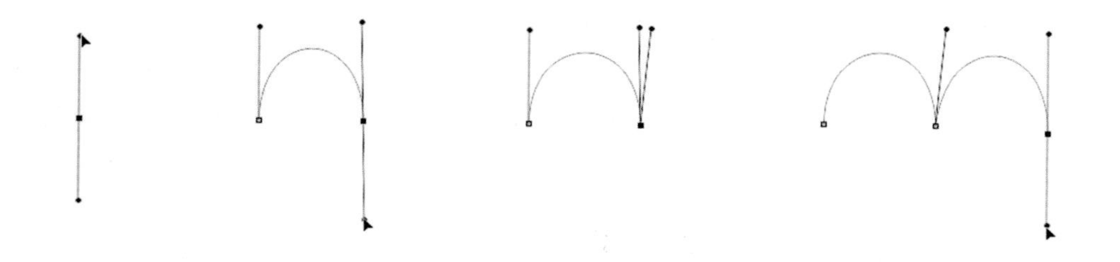

图 3-5-4

［提示］钢笔工具替代其他工具的方法，在选项栏勾选【自动添加 / 删除】，这时“钢笔工具”在路径线上变成“加点工具”，在路径点上变成“减点工具”，按住 Ctrl 键临时切换为“路径选择工具”，修改锚点位置与路径长短。按住 Alt 键可以临时改为“转换点工具”，改变锚点的性质与弧线的方向。

3.5.3　路径的运算

路径的运算与选区的运算类似，可以使用选项栏里的路径的加减制作更加复杂的图形。

［小案例］利用钢笔工具抠取汽车制作海报效果

（1）打开汽车与汽车背景素材图像，如图 3–5–5 和图 3–5–6 所示。

图 3-5-5

图 3-5-6

（2）在汽车图片文档中，选择“钢笔工具”，在选项栏选择【路径模式】进行绘制，如图 3–5–7 所示。

（3）细节部分可以放大视图进行操作，有些转角处可以使用转角曲线进行绘制，如图 3–5–8 所示。

图 3-5-7

图 3-5-8

（4）闭合路径，可以使用“路径直接选择工具”进行修改完善，如图 3–5–9 所示。

（5）使用 Ctrl+Enter 命令将路径转化为选区，用“移动工具”将汽车移动到背景文档中，如图 3–5–10 所示。

图 3-5-9

图 3-5-10

（6）使用 Ctrl+T 自由变换命令调节大小，点击右键，然后使用水平翻转调转汽车方向，如图 3-5-11 所示。

（7）继续调节角度与背景吻合，如图 3-5-12 所示。

（8）复制汽车图层，将复制的图层执行 Ctrl+T 命令，右键中选择【垂直翻转】，作为汽车的倒影，如图 3-5-13 所示。

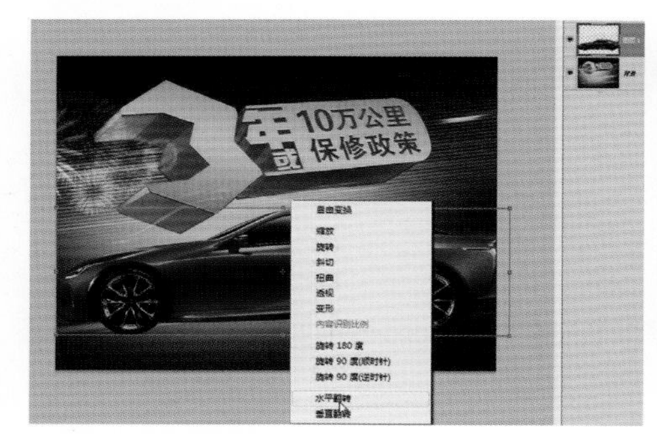

图 3-5-11

图 3-5-12

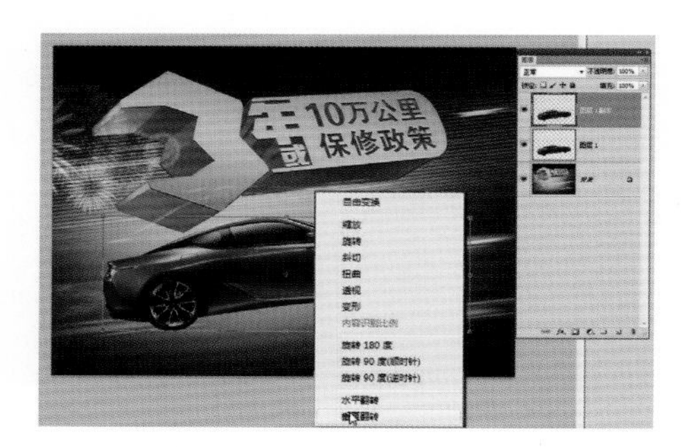

图 3-5-13

（9）调节汽车的倒影图层的透明度，如图 3-5-14 所示。

图 3-5-14

（10）在汽车底部创建一个椭圆形选区并使用 Shift+F6 补充羽化值，新建图层填充黑色，作为汽车的投影，如图 3-5-15 所示。

（11）双击汽车图层，在弹出的图层样式调板中切换到外发光选项，调节出外发光，如图 3-5-16 所示。

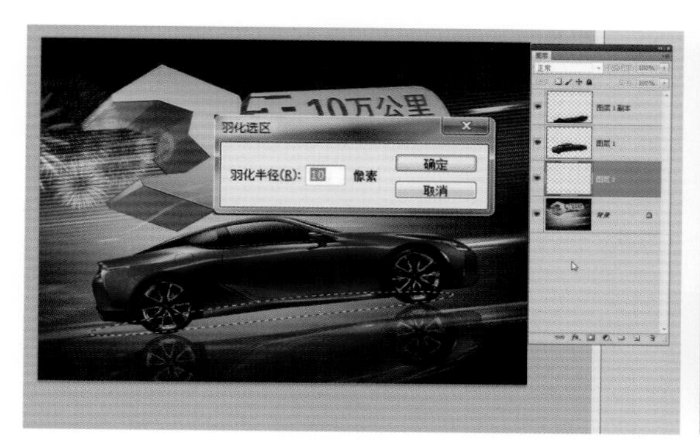

图 3-5-15

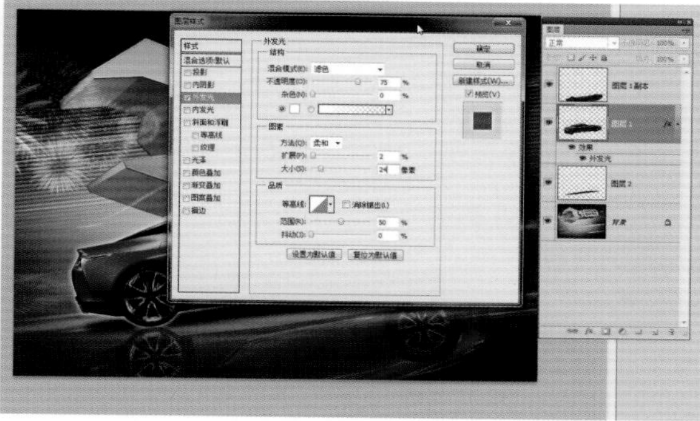

图 3-5-16

（12）最终效果如图 3-5-17 所示。

图 3-5-17

3.6　细碎边缘——快速蒙板

除了上述常见的边缘情况以外，我们可能还会遇到一些细碎的边缘不好选取。“快速蒙板”是一种使用手绘涂抹的方式创建选区的方法，特别适用于边缘细碎的情况，我们可以像画画一样涂抹出想要的与不想要的部分。

首先使用相应的选区工具创建大体的选区，点击工具栏底端的按钮进入快速蒙板模式（在快速蒙板模式下，原色代表选区，红色代表非选区）。切换到“画笔工具”，用白色笔可以画出原色即选区，而黑色笔可以画出红色即去掉选区，这样可以画出想要的部分。画完后退出快速蒙板，选区创建完成。

[提示] 快速蒙板模式快捷键为 Q；画笔工具快捷键为 B；色板默认前黑后白快捷键为 D；色板前后调换快捷键为 X。

[小案例] 利用快速蒙板抠取蜻蜓制作小荷才露尖尖角的效果

（1）打开蜻蜓与小荷素材图像，如图 3-6-1 和图 3-6-2 所示。

图 3-6-1

图 3-6-2

（2）在蜻蜓图片文档中使用“快速选择工具”选出蜻蜓的主体，如图 3-6-3 所示。

（3）在工具栏中底端点击快速蒙板图标进入快速蒙板模式，这里看到非选区已经都使用红色显示，如图 3-6-4 所示。

图 3-6-3

图 3-6-4

（4）由于主体蜻蜓也是红色，所以不太好分辨选区与非选区。双击工具栏底部的快速蒙板图标，我们将被蒙板区域的颜色改为蓝色，如图 3-6-5 所示。

（5）再次进入快速蒙板，非选区已经用蓝色显示，如图 3-6-6 所示。

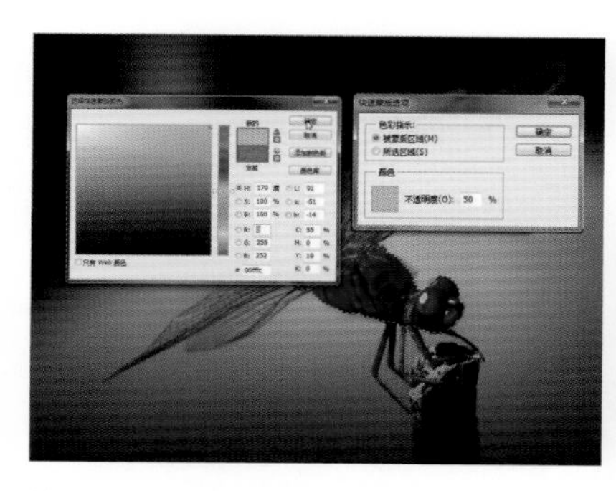

图 3-6-5

图 3-6-6

（6）使用“画笔工具”，右键或者用【 】调节笔刷大小，如图 3-6-7 所示。

（7）使用白色画笔，画出蜻蜓的四肢，如果画错了，再切换为黑色笔画回去，如图 3-6-8 所示。

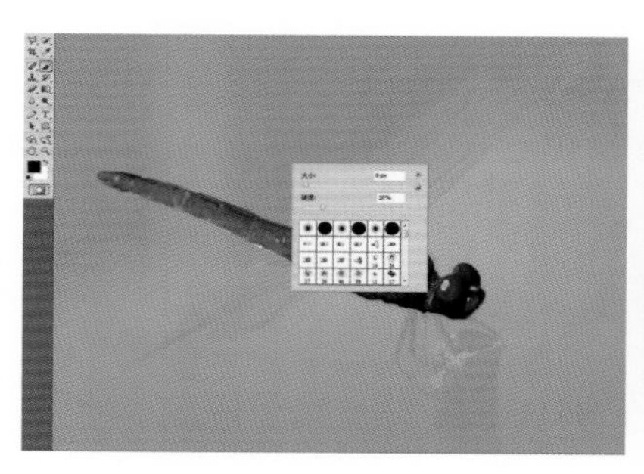

图 3-6-7

图 3-6-8

（8）画好以后再次点击工具栏底部的快速蒙板按钮，退出快速蒙板模式，蜻蜓身体的选区已经出现了，如图 3-6-9 所示。

（9）下面来制作翅膀的选区，翅膀的选区和身体不同，翅膀是半透明的。再次进入快速蒙板，选择画笔工具，我们将前景色设为灰色，如图 3-6-10 所示。

图 3-6-9

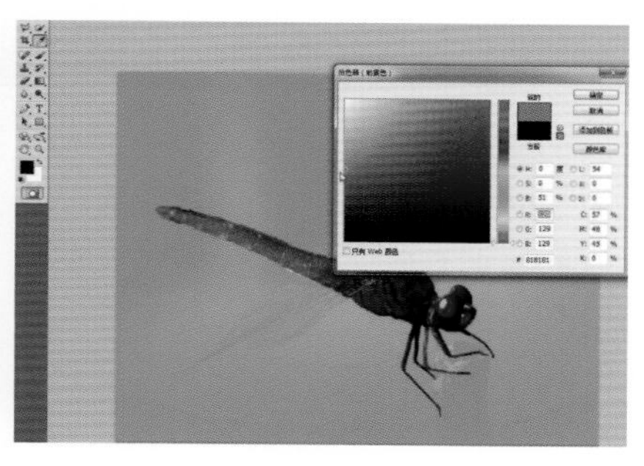

图 3-6-10

（10）使用灰色画笔在翅膀处涂抹，会发现蓝色比原来浅了，如图 3-6-11 所示。

（11）继续用灰色画笔在翅膀处涂抹，直至完整，注意翅膀与身体重合的区域不要涂抹，如图 3-6-12 所示。

图 3-6-11

图 3-6-12

（12）再次点击工具栏底部的快速蒙板按钮，退出快速蒙板，用“移动工具”移动一下，发现正是想要的选区，如图 3-6-13 所示。

（13）使用 “移动工具”将蜻蜓选区移动到荷花文档中，即得到最终要合成的图像，如图 3-6-14 所示。

图 3-6-13

图 3-6-14

3.7 复杂边缘——Alpha 通道

对于边缘比较复杂的图像，比如毛发、半透明物体，单纯用选区工具是很难做到的。对于这类图像，最好是使用 Alpha 通道进行抠取。要想理解 Alpha 通道，首先要了解通道的概念。

3.7.1 通道的原理

通道的本质是用来记录颜色信息的，即利用通道中黑白灰关系，记录光色三原色的亮度级别。我们打开一个 RGB 格式的图像，就会有红、绿、蓝三个通道，它们其实是三张黑白图像，分别存储了该图的红、绿、蓝三色信息，光色是由三原色组合而成的，而三个原色通道中的黑白灰关系就表示了三原色的亮度，如图 3-7-1 所示。

图 3-7-1

3.7.2 Alpha 通道

Alpha 通道记录的不是颜色信息，而是选择信息，也就是选区。在 Alpha 通道中，白色表示选区，黑色表示非选区，灰色表示半透明选区。当我们制作了一个选区想要保存起来，可以利用菜单命令“选择 > 存储选区”，将做好的选区存到通道调板下以便日后调用。存储选区是 Alpha 通道的基本功能，如图 3-7-2 所示。

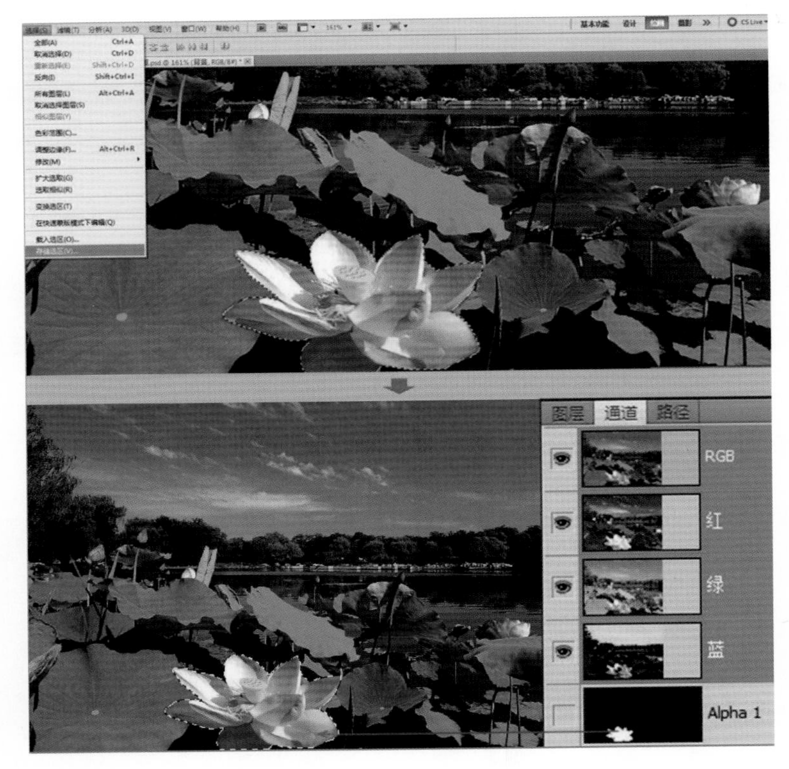

图 3-7-2

3.7.3 利用 Alpha 通道抠图

如果我们将其中一个颜色通道进行复制，因为一个图像只有三个原色通道，所以复制出来的通道也就变成了 Alpha 通道，也就是说我们利用原色通道复制出了一个 Alpha 通道。因为原色通道的边缘与原图像的边缘一致，我们就利用原色通道的边缘，复制出一个选区通道的边缘。只要把这个选区通道进行黑白填充，根据 Alpha 通道原理（黑色代表非选区，白色代表选区），我们要的选区和非选区就出现了，这就是利用 Alpha 通道抠图的原理。

[小案例] 利用 Alpha 通道抠取头发

（1）打开头发素材图像，如图 3–7–3 所示。

（2）进入通道调板，选择一个头发主体与背景明暗对比大的原色通道，这里我们选择蓝通道，将蓝通道拖拽入调板下方的【 新建通道按钮 】上复制出 Alpha 通道，如图 3–7–4 所示。

图 3-7-3

图 3-7-4

（3）在 Alpha 通道中，白色代表选区，黑色代表非选区，我们要的是头发选区，执行菜单命令“图像 > 调整 > 反向” 命令或快捷键 Ctrl+I，让头发主体变白，如图 3-7-5 所示。

（4）使用菜单命令“图像 > 调整 > 色阶”或快捷键 Ctrl+L 调出色阶调板，在输入中把黑白场向中间移动，此举主要用来加大对比度，让头发部分尽量都变白，头发的背景都变黑。色阶命令将在下一章调色中详细讲解，如图 3-7-6 所示。

图 3-7-5

图 3-7-6

（5）最难确定的头发的选区已经确定了，然后使用选区命令选择身体部分，前景色设为白色，Alt+Del 填充白色，如图 3-7-7 所示。

图 3-7-7

（6）其他区域，脸部是我们要的选区，用白色笔涂抹；背景左上角是非选区，使用黑色笔涂抹，如图 3-7-8 所示。

图 3-7-8

（7）头发边缘区域，也就是头发与背景的交界处，我们可以使用“减淡和加深工具”加大对比，“减淡工具”在选项中选择【高光】在白色区域涂抹，“加深工具”在选项中选择【阴影】在黑色区域涂抹，这样的选项控制了减淡和加深的范围，“减淡工具”选择【高光】只能减淡亮调区域，如图 3-7-9 所示。

图 3-7-9

（8）按住 Ctrl 键点击 Alpha 通道，载入制作好的选区，如图 3-7-10 所示。

（9）点击复合通道，切换回图层调板，需要的选区已经确定了，如图 3-7-11 所示。

图 3-7-10

图 3-7-11

（10）使用 Ctrl+J 复制选区内图像，在下层新建图层填充灰色，会发现头发的边缘还有一些杂边，可以再次使用加深命令弱化杂色，如图 3-7-12 所示。

图 3-7-12

［小案例］利用 Alpha 通道抠取冰块

（1）打开冰块素材图像，如图 3-7-13 所示。

（2）进入通道调板，选择一个冰块主体与背景明暗对比大的通道，将红通道拖拽入调板下方的新建通道按钮上复制出 Alpha 通道，如图 3-7-14 所示。

图 3-7-13

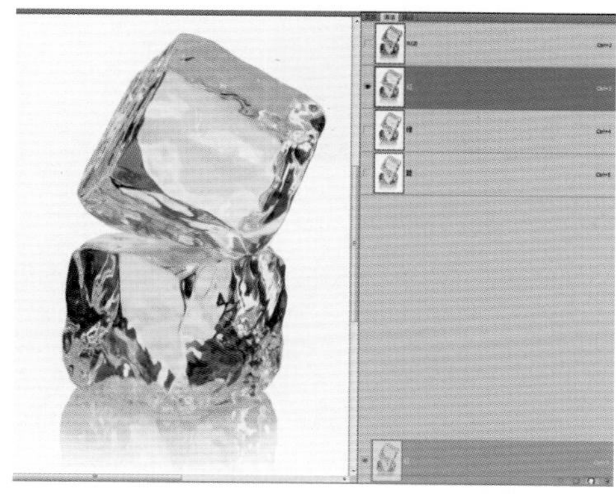

图 3-7-14

（3）在 Alpha 通道中，白色代表选区，黑色代表非选区，我们需要把背景变黑才能透明。如果执行 Ctrl+I 反向命令，可以让背景变黑，但是冰块高光区域也会变黑透明，这不符合物理现象，我们使用选区工具选择除冰块以外的背景，如图 3–7–15 所示。

（4）前景色设为黑色，执行 Alt+Del 直接给选区填充黑色，背景就是非选区了，其他白色与灰色的地方正好就是我们要的选区和羽化选区，即不透明和半透明区域，如图 3–7–16 所示。

图 3-7-15

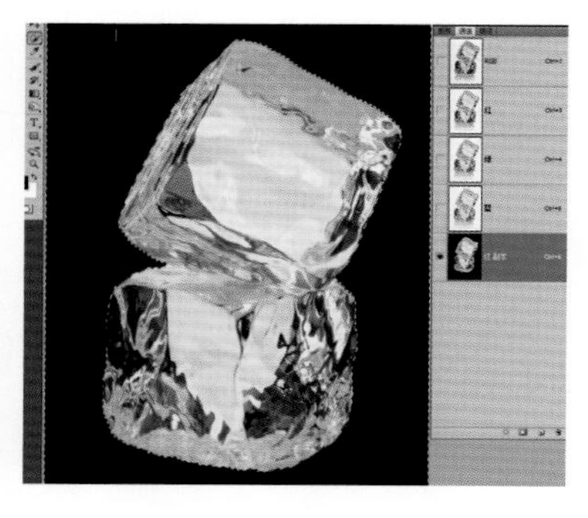

图 3-7-16

（5）按住 Ctrl 键，点击 Alpha 通道，载入选区，如图 3–7–17 所示。

（6）点击复合通道，切换回图层调板，发现已经确定好选区了，如图 3–7–18 所示。

图 3-7-17

图 3-7-18

（7）使用 Ctrl+J 命令复制选区内的图像到新图层，移动一张背景图像到两层之间，冰块已经被抠取出来了，如图 3–7–19 所示。

（8）如果感觉冰块不够厚重，可以使用 Ctrl+J 命令复制几层，如图 3–7–20 所示。

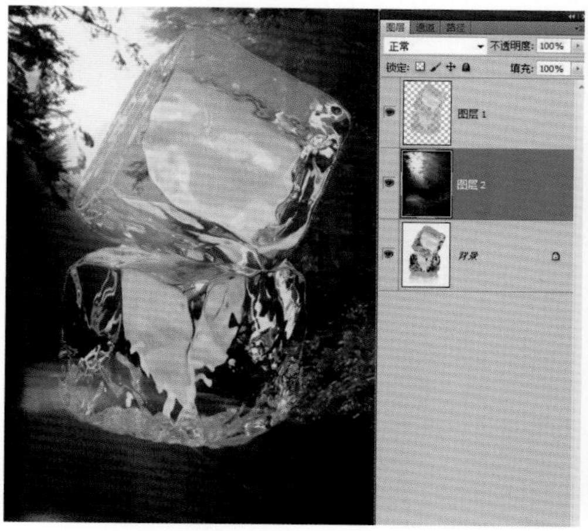

图 3-7-19

图 3-7-20

3.8 图层蒙板

边缘情况和相应解决方案前面已经介绍过，但是无论使用哪种方法，抠像都会对原图像产生破坏，不利于后期修改。使用图层蒙板进行抠像不但可以不破坏原素材，而且非常便于修改。图层蒙板的创建按钮在图层调板的下方，如图 3-8-1 所示。

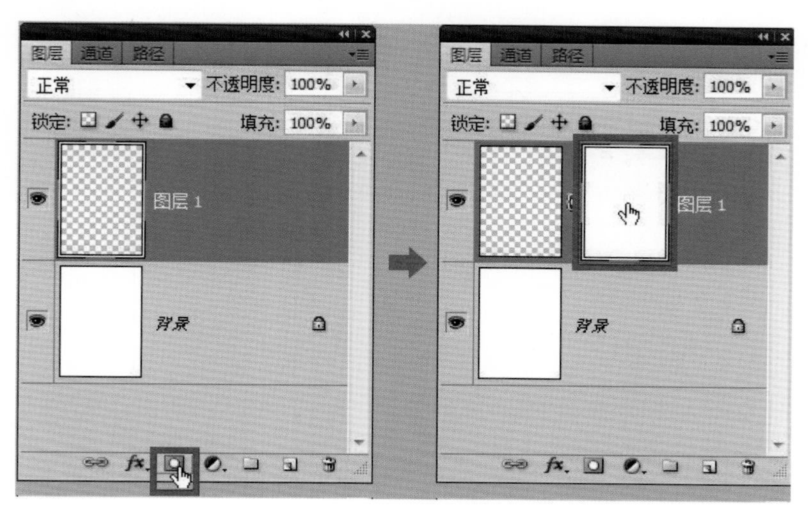

图 3-8-1

3.8.1 图层蒙板的原理与优势

图层蒙板依附于图层后，在蒙板中用黑白控制前面图层的显示范围，白色代表显示，黑色代表隐藏，灰色代表半透明。可以使用黑白画笔、黑白渐变、加深减淡对图层蒙板进行编辑，也可以和选区配合操作。使用黑白对图层蒙板进行编辑，实现对前图层的显示与隐藏，不会破坏原素材而且便于修改。

3.8.2 图层蒙板的操作方法

点击图层调板下方新建图层蒙板图标，也可使用菜单命令“图层 > 图层蒙板 > 显示 / 隐藏全部”建立，默认添加白板，即显示全部；如果按住 Alt 点击，是添加黑板，即隐藏全部。

如果已有选区再建立图层蒙板，选区内部是白色，为显示部分，选区外部是黑色，为隐藏部分；如果按住 Alt 建立蒙板，是相反操作。按住 Alt 点击蒙板缩略图，是进入蒙板；按住 Shift 点击蒙板缩略图，是停用蒙板；将蒙板拖入调板下方的垃圾桶，是删除蒙板。

[小案例] 利用图层蒙板合成图像

（1）分别打开图层蒙板素材 1 图像和素材 2 图像，如图 3-8-2、图 3-8-3 所示。

图 3-8-2

图 3-8-3

（2）使用“移动工具”将素材 1 移动到素材 2 文档中，作为素材 2 的上一层，如图 3-8-4 所示。

（3）调节素材 1 图层的透明度，用 Ctrl+T 自由变换命令调整其大小与角度，与下一层进行对位，如图 3-8-5 所示。

图 3-8-4

图 3-8-5

（4）恢复素材 1 图层的透明度，点击调板底部添加图层蒙板按钮，给上一层添加图层蒙板，如图 3-8-6 所示。

（5）使用“画笔工具”，前景色设为黑色，根据图层蒙板中白色显示黑色隐藏的原理，我们使用“画笔工具”在蒙板中涂黑，隐藏上层多余部分，如图 3-8-7 所示。

图 3-8-6

图 3-8-7

（6）在蒙板中继续使用黑色画笔涂抹，如果隐藏多了，可切换回白色画笔进行涂抹显示，直到达到想要的效果，如图 3-8-8 所示。

图 3-8-8

[小案例] 利用图层蒙板抠取玻璃图像

（1）分别打开杯子素材与草莓素材图像，如图 3-8-9、图 3-8-10 所示。

图 3-8-9

图 3-8-10

（2）使用“移动工具”将杯子素材移动到草莓素材文档中，作为草莓素材的上一层，如图 3-8-11 所示。

（3）在杯子图层，使用“快速选择工具”选择杯子的背景，如图 3-8-12 所示。

图 3-8-11

图 3-8-12

（4）执行菜单命令“选择 > 反选”或快捷键 Ctrl+Shift+I 反选命令，确定杯子的选区，如图 3-8-13 所示。

图 3-8-13

（5）点击建立图层蒙板图标，在杯子层添加蒙板，选区内部保留了，其他部位被隐藏，如图 3–8–14 所示。

图 3-8-14

（6）使用“画笔工具”，前景色设置为灰色，按住 Ctrl 键点击蒙板缩略图，载入杯子选区，如图 3–8–15 所示。

图 3-8-15

（7）使用灰色画笔在蒙板缩略图中涂抹，因为有选区限制，所以不会涂出杯子范围。根据图层蒙板原理，灰色表示半透明，杯子的半透明效果实现，如图 3–8–16 所示。

图 3-8-16

［小案例］利用图层蒙板抠取婚纱图像

（1）打开婚纱素材图像，如图 3-8-17 所示。

图 3-8-17

（2）进入通道调板，挑选一个主体和背景差别大的通道拖入新建通道按钮进行复制，得到 Alpha 通道，如图 3-8-18 所示。

图 3-8-18

（3）选择 Alpha 通道，用“快速选择工具”选择背景部分，填充黑色，根据 Alpha 通道原理，黑色为非选区，如图 3-8-19 所示。

图 3-8-19

（4）用“快速选择工具”选择主体部分（背景和半透明婚纱以外的区域），填充白色，根据 Alpha 通道原理，白色为选区，如图 3-8-20 所示。

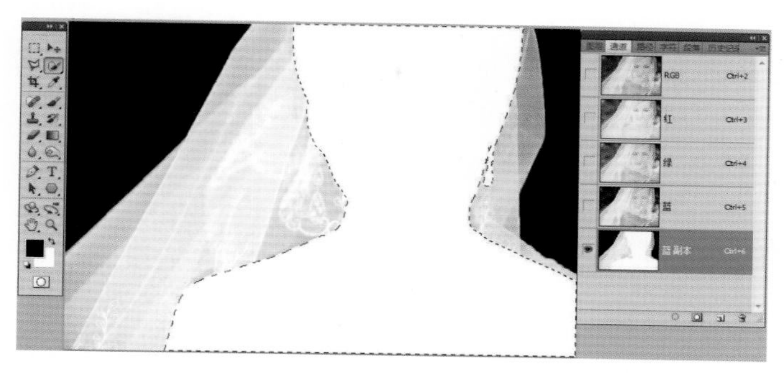

图 3-8-20

（5）按住 Ctrl 键点击 Alpha 通道，载入做好的选区，点击复合通道，回到图层调板，如图 3-8-21 所示。

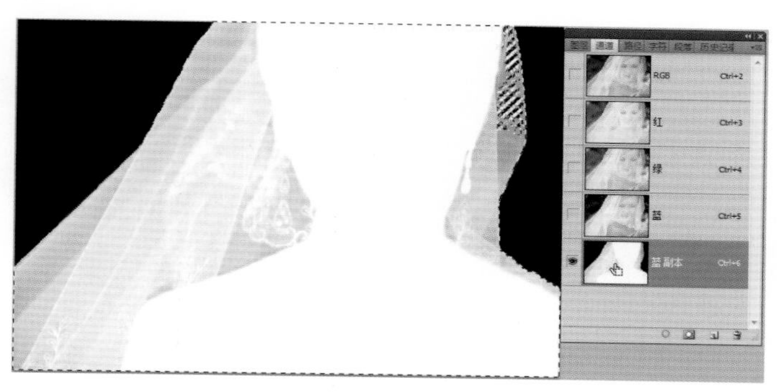

图 3-8-21

（6）背景层不允许添加蒙板，双击背景层将背景层变为普通层，如图 3-8-22 所示。

图 3-8-22

(7)在刚刚确定的选区基础上点击图层蒙板图标，添加图层蒙板，效果如图3-8-23所示。

图 3-8-23

(8)将一张其他图像移动进来作为背景，查看效果，如图 3-8-24 所示。

图 3-8-24

3.9　调整边缘

调整边缘也是图层蒙板的一种，只是它更高级，它可以在大体选区的基础上，通过计算机的判断计算自动添加蒙板，并能去掉一些彩色杂边，特别适用于毛发等图像的抠取。

[小案例]利用调整边缘抠取头发图像

(1)打开头发素材图像，如图 3-9-1 所示。

（2）使用“快速选择工具”，选出头发的大体选区，然后在选项栏点击【调整边缘】，如图 3-9-2 所示。

图 3-9-1

图 3-9-2

（3）在调整边缘调板中的【视图模式】选项中，选择背景图层，视图模式是观看图像的方式，如图 3-9-3 所示。

（4）勾选视图模式后面的【显示半径】选项，会发现整体图像变黑了，因为下面的【半径】显示是 0，也就是没有半径值，如图 3-9-4 所示。

图 3-9-3

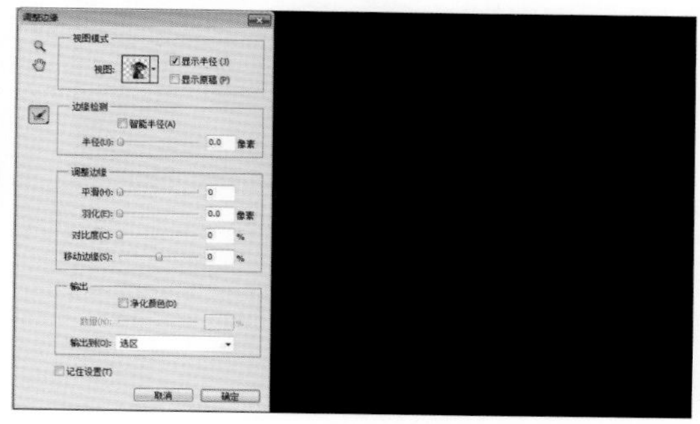

图 3-9-4

（5）拉动【半径】滑竿，随着数值的增大，会发现图像中在原选区的位置出现了一圈显示图像的区域，如图 3-9-5 所示。

（6）继续加大半径数值，图像中的显示区域越来越宽。在这里，半径指的是以原有选区为基础，向里向外扩展的一个用于计算机计算头发边缘的宽度区域，如图 3-9-6 所示。

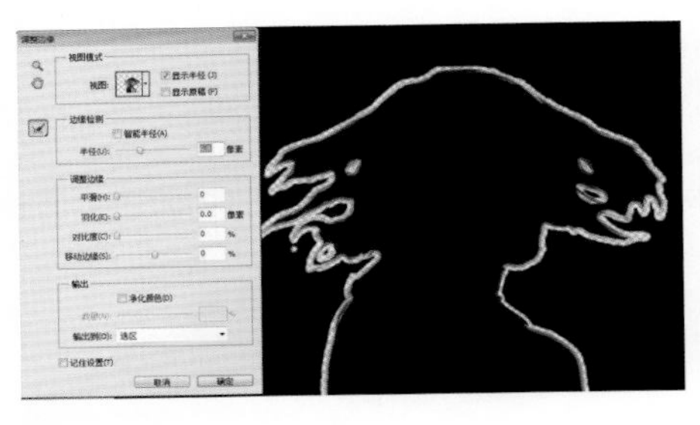
图 3-9-5

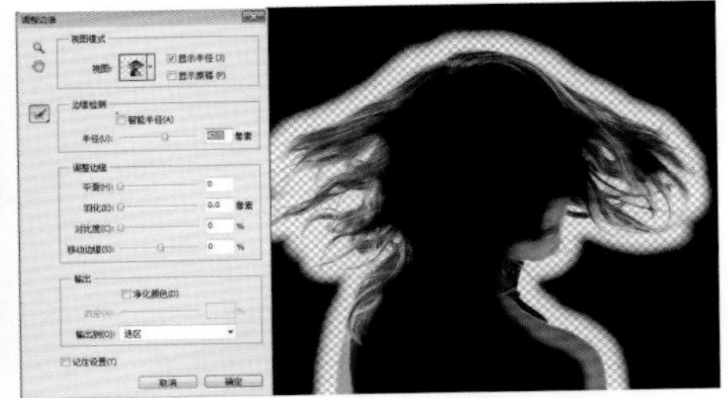
图 3-9-6

（7）半径的大小直接决定了选取头发范围的精度，太小了头发包含不全，太大了脸部也被抠透明了，所以我们要找到一个恰到好处的半径大小，让计算机在这个相对准确的区域计算。除了半径大小，还可以通过勾选【智能半径】（计算机判定大小）以及【智能半径】左侧的画笔和橡皮（手动绘制或擦去半径）用于完善半径区域，如图 3–9–7 所示。

（8）调节【平滑】与【羽化】选项，勾选【净化颜色】，调节滑竿去除彩色杂边，【输出】到新建带有图层蒙板的图层，如图 3–9–8 所示。

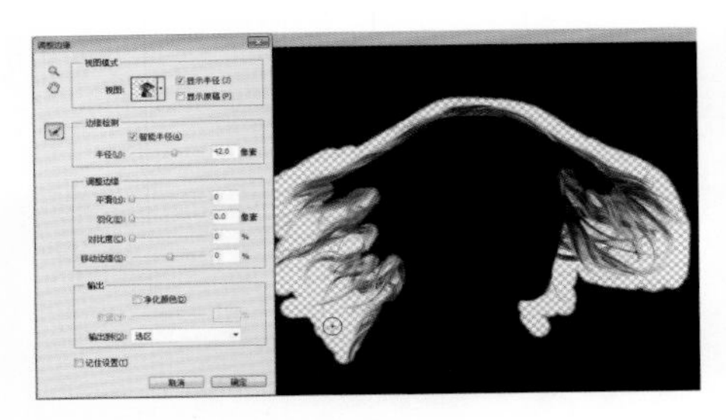
图 3-9-7

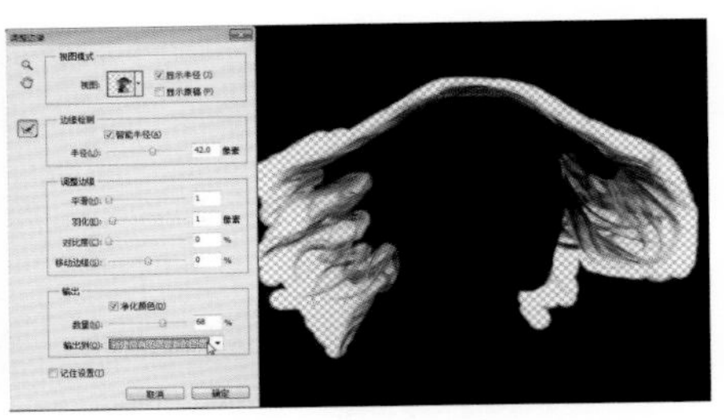
图 3-9-8

（9）在原图层上方又复制了一个图层，并生成一个比较精确的图层蒙板，如图 3–9–9 所示。

图 3-9-9

3.10 黑白底图像——混合

对于黑白底这类特殊的图像，可以使用“混合”进行快速抠图。这里的混合主要指的是图层调板上方的图层混合模式，以及双击图层弹出的图层样式中的混合颜色带。两者都可以轻松实现黑白背景的抠除，原理类似但用法有别。考虑到后期抠图的方便，我们可以在拍摄前期素材时就使用黑色底或者白色底。

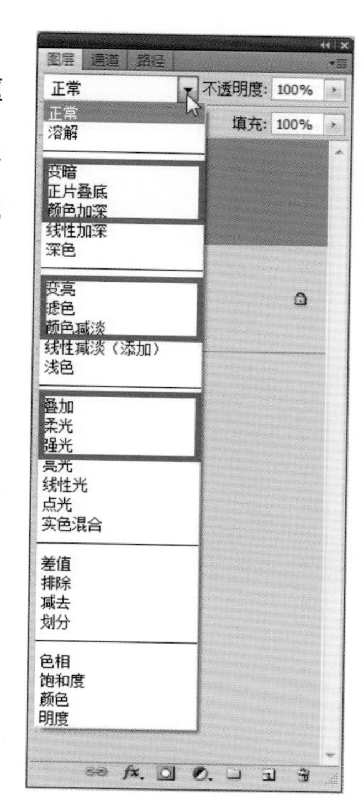

图 3-10-1

3.10.1 图层混合模式

图层混合模式指的是通过一定的算法，将上层像素与下层像素进行混合。图层混合模式的位置在图层调板的上端，默认为正常模式，即上层覆盖下层无混合。除了正常模式以外，还有很多种混合模式，它们都可以产生迥异的合成效果。在抠图中，我们主要用到的是变暗组的正片叠底和变亮组的滤色，如图 3-10-1 所示。

变暗组的原理是屏蔽本层的白色，最终效果整体变暗，变暗组组内各个模式原理一样，只是程度有所区别。我们需要掌握的是变暗组中的【正片叠底】模式，它是完全屏蔽白色，所以想去掉图层的白色，直接把此层调成正片叠底模式。相反，变亮组是屏蔽本层的黑色，最终效果变亮，其中【滤色】模式是完全屏蔽黑色，可用于黑底的去除。叠加组则是屏蔽灰色，保留黑白，如图 3-10-2 所示。

图 3-10-2

［小案例］利用图层的滤色模式屏蔽黑色背景

（1）分别打开滤色混合模式素材 1 和素材 2 图像，如图 3–10–3、图 3–10–4 所示。

图 3-10-3

图 3-10-4

（2）将素材 2 移动至素材 1 文档，作为素材 1 的上层，如图 3–10–5 所示。

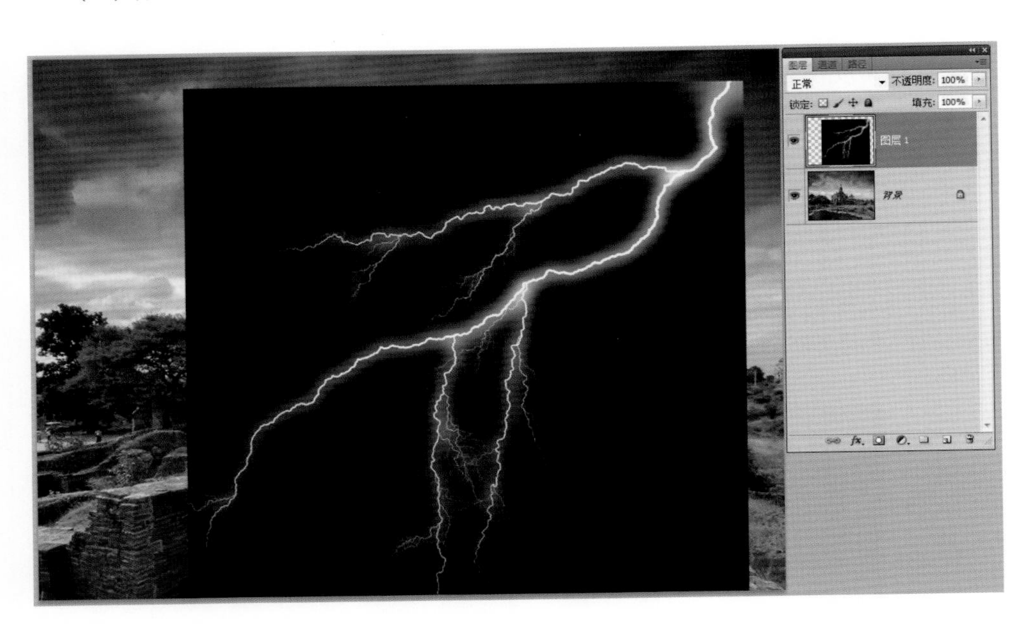

图 3-10-5

（3）使用 Ctrl+T 自由变换命令，调节闪电素材的大小与位置，如图 3–10–6 所示。

（4）将闪电层调为【滤色模式】，根据图层混合原理，闪电层的黑色被屏蔽，如图 3–10–7 所示。

图 3-10-6

图 3-10-7

（5）给闪电层建立图层蒙板，使用黑色画笔在闪电图层的蒙板缩略图上涂抹隐藏掉多余的部分，如图 3-10-8 所示。

图 3-10-8

[小案例] 利用图层的正片叠底模式屏蔽白色背景

（1）分别打开正片叠底混合模式素材 1 和素材 2 图像，如图 3–10–9、图 3–10–10 所示。

图 3-10-9

图 3-10-10

（2）将素材 2 移动至素材 1 文档，作为素材 1 的上层，如图 3–10–11 所示。

（3）使用数字键降低文身图层的不透明度，使用 Ctrl+T 自由变换命令，调节文身图案素材的大小与位置，如图 3–10–12 所示。

图 3-10-11

图 3-10-12

（4）将纹身图案层调为正片叠底模式，根据图层混合原理，文身层的白色被屏蔽，如图 3-10-13 所示。

（5）给文身图案层建立图层蒙板，使用黑色画笔在文身图案层的蒙板缩略图上涂抹隐藏掉多余的部分，如图 3-10-14 所示。

图 3-10-13

图 3-10-14

3.10.2 图层样式中的混合颜色带

除了图层调板的图层混合模式以外，双击图层，在弹出的图层样式调板中也有混合，叫做混合颜色带。混合颜色带与图层混合类似，不但可以实现上层与下层的融合，还可以手动控制融合的程度，使黑白背景的抠除程度具有可控性，如图 3-10-15 所示。

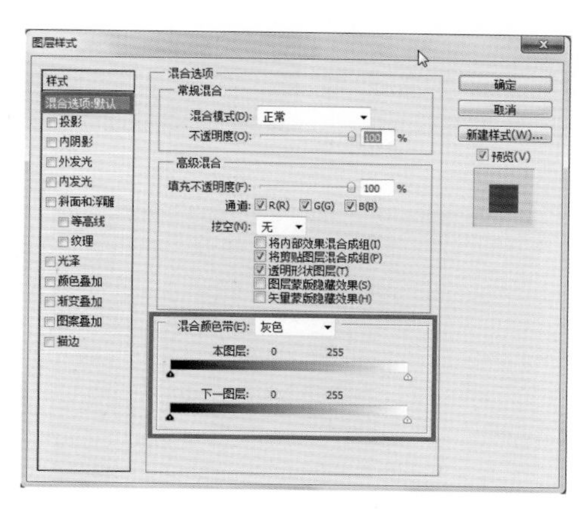

图 3-10-15

混合颜色带的原理是在本层与下层之间融合，移动混合颜色带中的本层色标，会发现本层的黑白被隐藏了，也就是说移动本层色标可以屏蔽黑白。如果移动下层色标，被移动的颜色会浮到上层与上层融合。如果按住 Alt 键移动色标，可以把色标一分为二，进行容差融合。这样我们通过混合颜色带命令就可以屏蔽或显示上下层的黑白色从而融合上下两层图像，且可以通过移动滑块手动控制融合的程度，如图 3-10-16 所示。

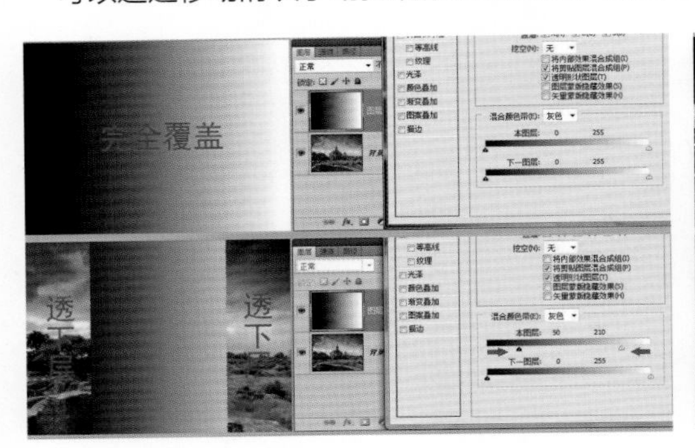

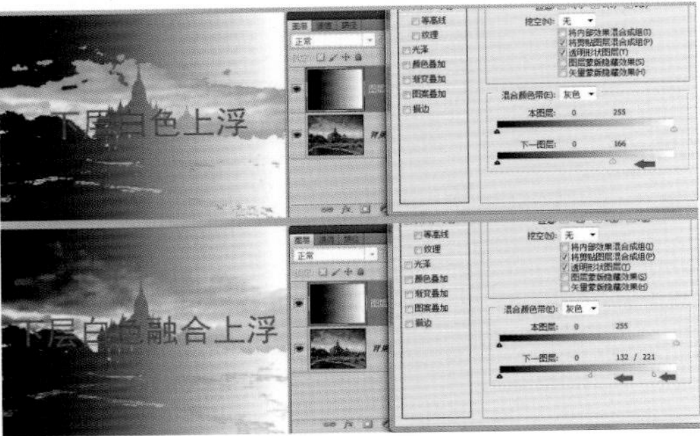

图 3-10-16

［小案例］利用混合颜色带合成图像

（1）分别打开混合颜色带素材 1、素材 2、素材 3 图像，如图 3-10-17、图 3-10-18 及图 3-10-19 所示。

图 3-10-17

图 3-10-18

图 3-10-19

（2）将火焰，建筑素材移至天空文档中，图层顺序如图 3-10-20 所示。

图 3-10-20

（3）双击火焰图层，在图层样式的混合颜色带中向右移动黑色色标，屏蔽掉火焰层中的黑色背景，按住 Alt 将黑色色标分开，将右半个色标继续向右移动进行融合，让火焰半透明，如图 3-10-21 所示。

图 3-10-21

（4）双击建筑图层，在图层样式的混合颜色带中按住 Alt 向左移动白色色标，屏蔽掉建筑图层中的白色背景，如图 3-10-22 所示。

（5）最终效果如图 3-10-23 所示。

图 3-10-22

图 3-10-23

3.11 综合商业案例：珠宝传单

［制作思路］新建文档制作渐变背景，移入红绸与钻戒素材通过蒙板进行取舍，使用画笔的红心与光晕笔刷等进行后期装饰。

［技术看点］渐变与画形工具、图层蒙板、载入画笔与笔刷调板的设置等。

（1）使用菜单命令“文件 > 新建”或快捷键 Ctrl+N 新建文档，设置文档的参数，如图 3-11-1 所示。

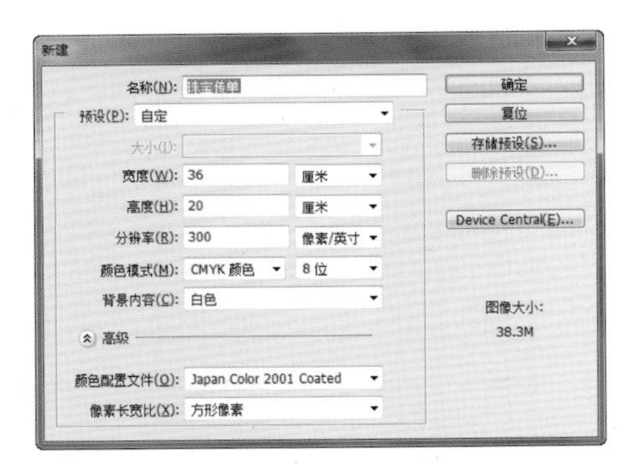

图 3-11-1

（2）新建图层，使用“渐变工具”，准备制作渐变背景，如图 3-11-2 所示。

图 3-11-2

（3）在“渐变工具”的选项栏里选择【径向渐变】方式，双击选项栏中的【渐变缩略图】打开渐变编辑器，如图 3-11-3 所示。

（4）分别双击渐变编辑器中的渐变条下方的色标，将渐变颜色改为从白到灰的过渡。如图 3-11-4 所示。

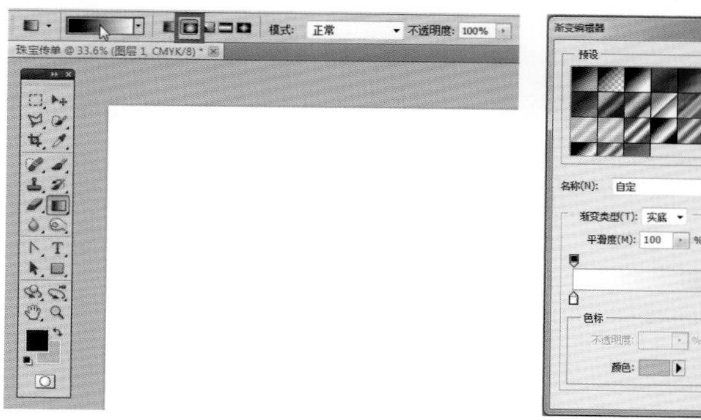

图 3-11-3

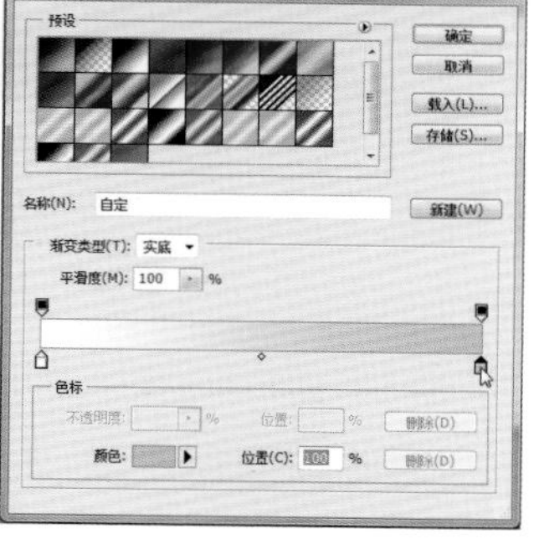

图 3-11-4

（5）设置好渐变的方式和颜色后，在新图层使用“渐变工具”拖拽上色，如图 3-11-5 所示。

图 3-11-5

（6）工具栏选择“画形工具”，选项栏中选择第一项【形状图层】，在底部拖拽制作红色图形，背景制作完毕，如图 3-11-6 所示。

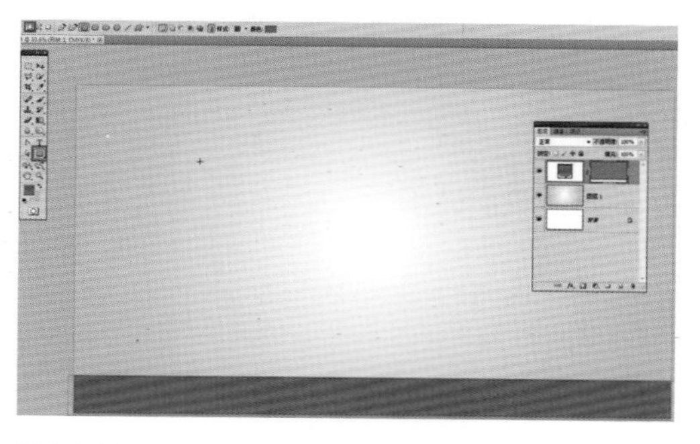

图 3-11-6

（7）打开红绸素材，用“移动工具”移入到背景中，调节大小和位置，如图 3-11-7 所示。

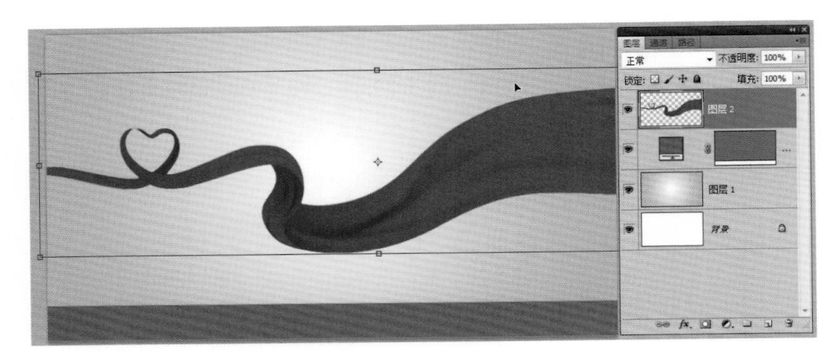

图 3-11-7

（8）给红绸层添加图层蒙板，使用黑色画笔在红绸层的蒙板缩略图中涂抹，隐藏掉红绸两边的部分，让视觉中心居中，如图 3-11-8 所示。

图 3-11-8

（9）打开戒指素材，用“移动工具”移入到背景中，调节大小和位置，如图 3-11-9 所示。

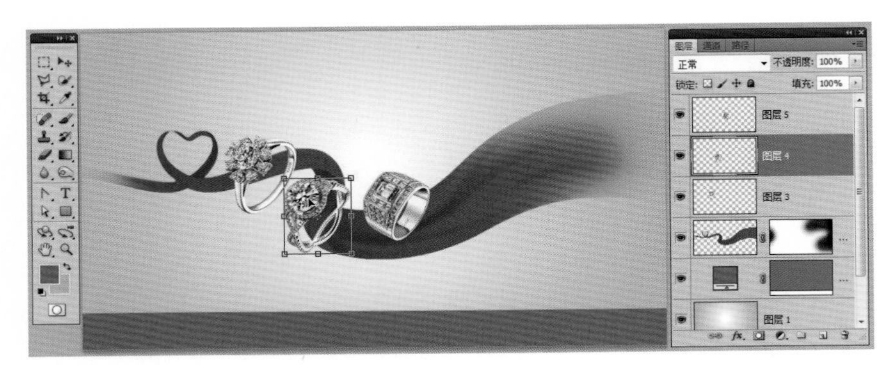

图 3-11-9

（10）给左侧戒指层添加图层蒙板，如图 3–11–10 所示。

图 3-11-10

（11）按住 Ctrl 键点击红绸图层，载入红绸的选区，如图 3–11–11 所示。

图 3-11-11

（12）选择左侧戒指图层，使用黑色画笔在戒指图层的蒙板上进行涂抹，制作红绸穿过戒指的效果，如图 3–11–12 所示。

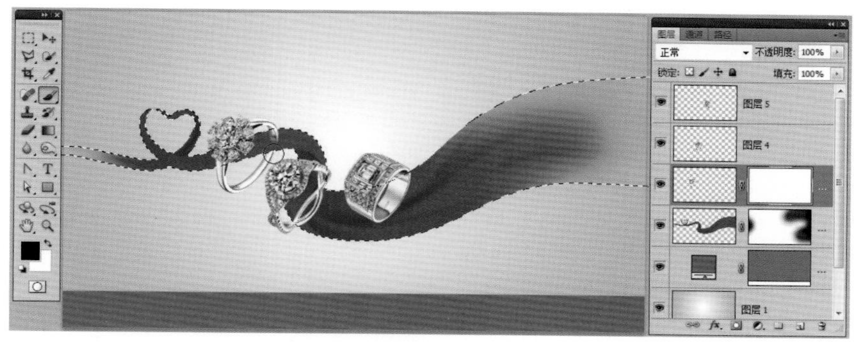

图 3-11-12

（13）打开右侧戒指素材，使用“移动工具”移入到背景中，调节大小和位置，如图 3-11-13 所示。

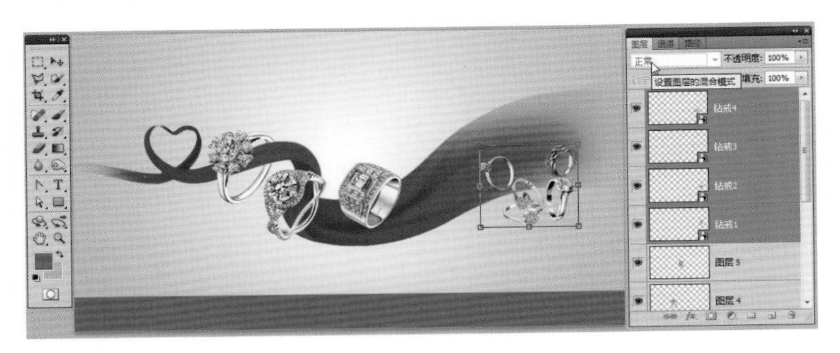

图 3-11-13

（14）选择“画形工具”，前景色为红色，选项栏选择第一项【形状图层】，绘制红色图形，用选择路径的“选择工具”（实心黑箭头），按住 Alt 移动复制出多个，如图 3-11-14 所示。

（15）使用路径选择工具（空心白箭头），选择矩形路径的最上面的两个锚点向上移动，移动的同时按住 Shift 保持垂直方向，改变矩形路径即绳索的长度，如图 3-11-15 所示。

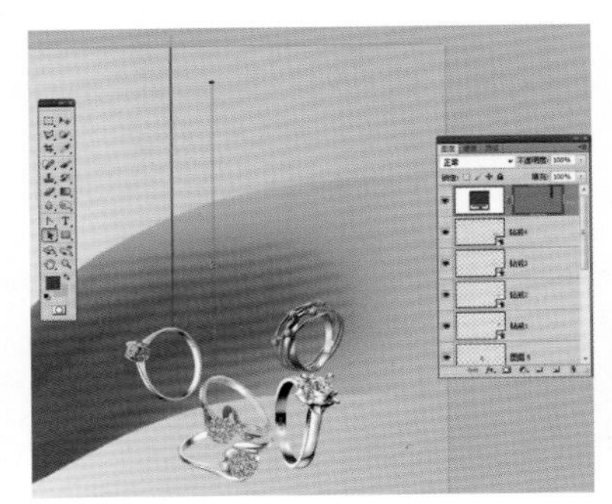

图 3-11-14

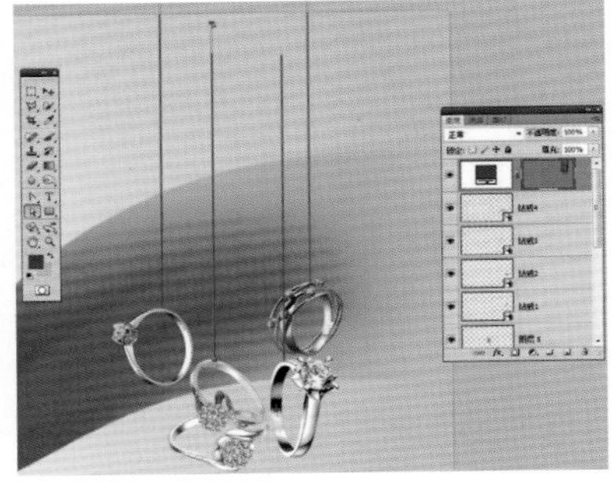

图 3-11-15

（16）双击形状图层，在弹出的图层样式调板中，选择【斜面和浮雕效果】，调节其参数，使图形变得具备立体感，如图 3-11-16 所示。

图 3-11-16

（17）使用“画笔工具”，在选项栏中【笔刷大小】右侧的三角号里选择【载入画笔】，如图 3-11-17 所示。

（18）找到本章节的素材，选择心形笔刷文件载入，笔刷文件后缀为 .abr，如图 3-11-18 所示。

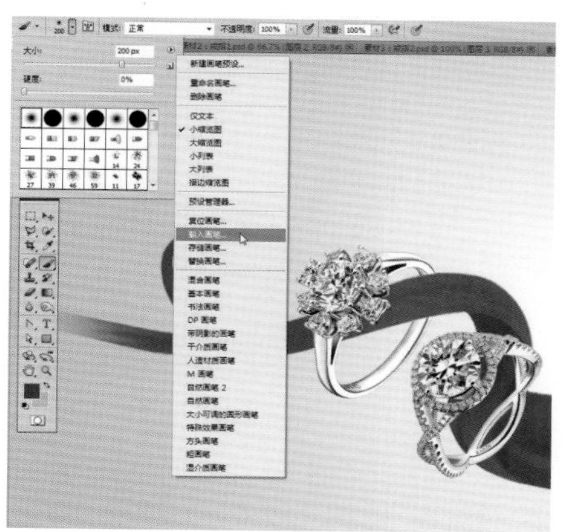

图 3-11-17

图 3-11-18

（19）使用菜单命令“窗口 > 画笔”或快捷键 F5 打开笔刷调板，在【画笔笔尖形状】中，选择刚刚载入的心形画笔，并调节间距，如图 3-11-19 所示。

（20）【形状动态】中，大小抖动与角度抖动都调到最大，这样笔刷的随机效果就更加明显了，如图 3-11-20 所示。

（21）【散布】中，散布调大，数量也调节一下，如图 3-11-21 所示。

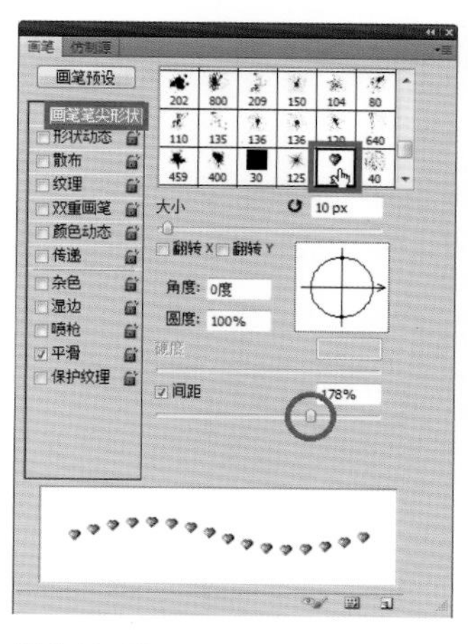

图 3-11-19

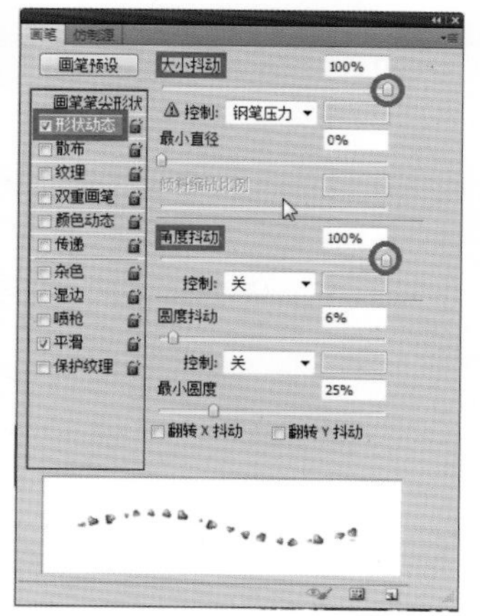

图 3-11-20

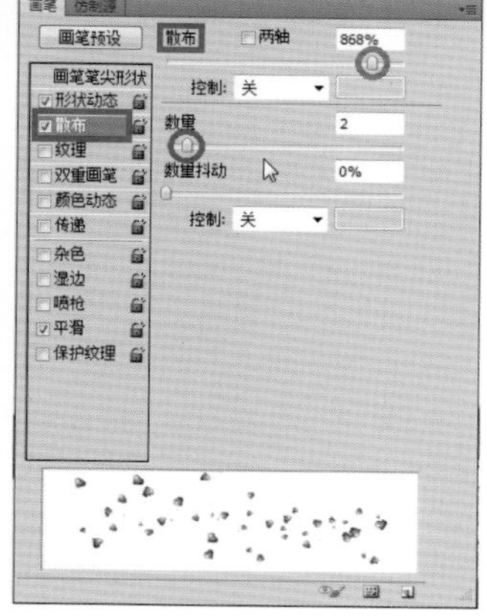

图 3-11-21

（22）新建图层，前景色使用红色，使用刚刚设置好的画笔绘制心形图案，如图 3-11-22 所示。

（23）给心形层添加图层蒙板，使用普通画笔，前景色设置为黑色，涂抹隐藏部分心形，让心形的分布更加错落有致，如图 3-11-23 所示。

图 3-11-22

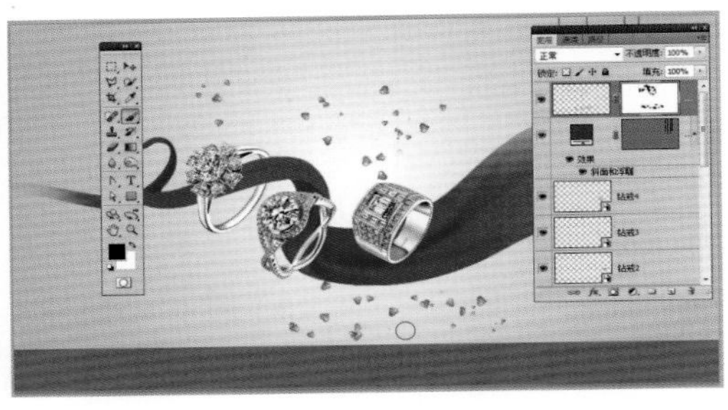

图 3-11-23

（24）使用同样的方法载入光晕笔刷，新建图层给珠宝添加光晕效果，如图3-11-24所示。

图 3-11-24

（25）使用“文字工具”输入文字，并使用字符调板设置字间距等参数，如图3-11-25所示。

图 3-11-25

（26）最终效果如图 3-11-26 所示。

图 3-11-26

3.12 综合商业案例：网页广告条

［制作思路］新建移入背景图案素材，移入服装素材进行抠图，移入手机素材打造投影效果，打字并设置字的样式，移入灯光素材增加效果。

［技术看点］选择工具与调整边缘、自由变换与图层蒙板、打字工具与图层样式、滤色混合模式等。

（1）使用菜单命令“文件 > 新建”或快捷键 Ctrl+N 新建文档，设置文档的参数，如图 3-12-1 所示。

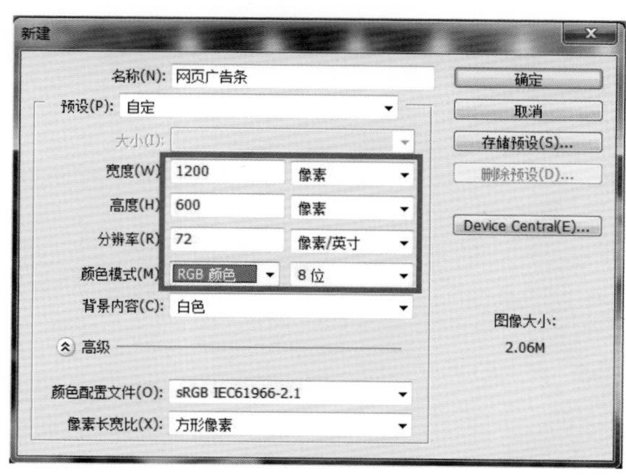

图 3-12-1

（2）将相应素材移动至背景层，调节素材的位置与大小，如图 3-12-2 所示。

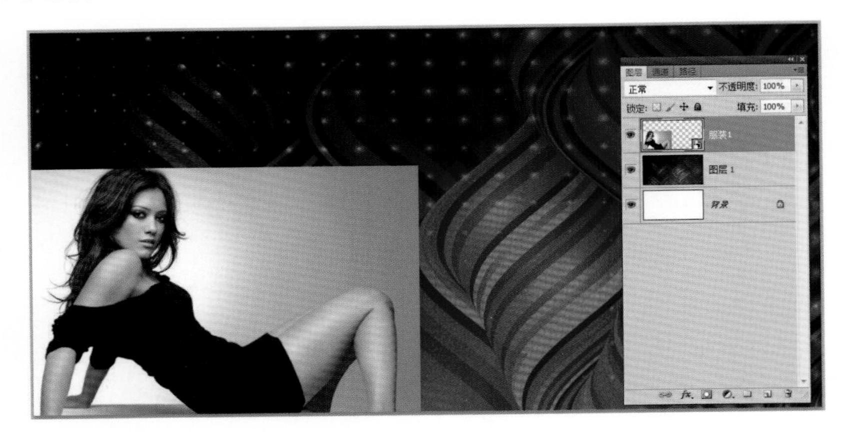

图 3-12-2

（3）使用“快速选择工具”，确定素材大体的选区，可以使用“选择 > 修改 > 收缩”菜单命令缩小选区，去除杂边，如图 3-12-3 所示。

（4）收缩 2 像素，如图 3-12-4 所示。

图 3-12-3

图 3-12-4

（5）使用菜单命令“选择 > 修改 > 羽化”或快捷键 Shift+F6 羽化选区，如图 3-12-5 所示。

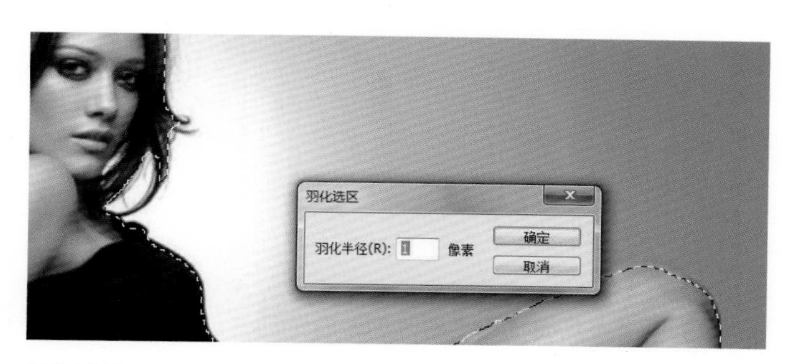

图 3-12-5

（6）在选区的基础上点击选项栏的【调整边缘】命令，在弹出的调板中设置视图模式，调节半径大小，如图 3-12-6 所示。

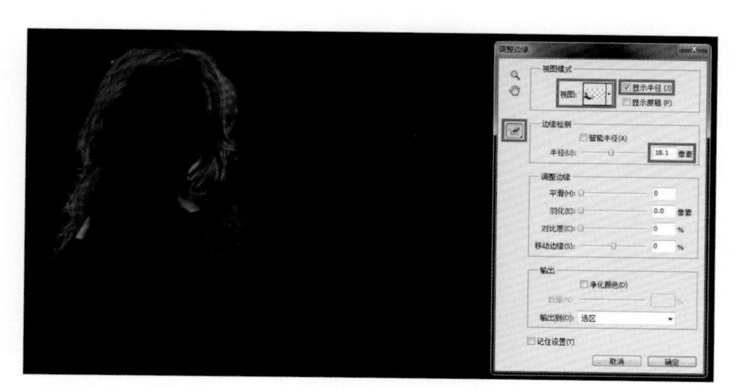

图 3-12-6

（7）使用【边缘检测】左侧的画笔与橡皮，精确控制半径的大小，如图 3-12-7 所示。

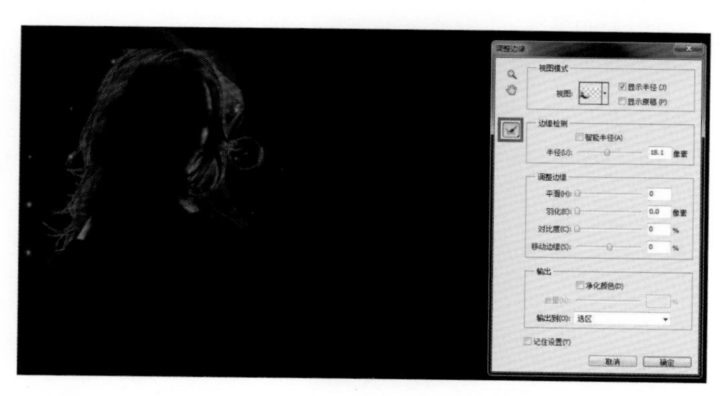

图 3-12-7

（8）调节其他选项，如图 3–12–8 所示。

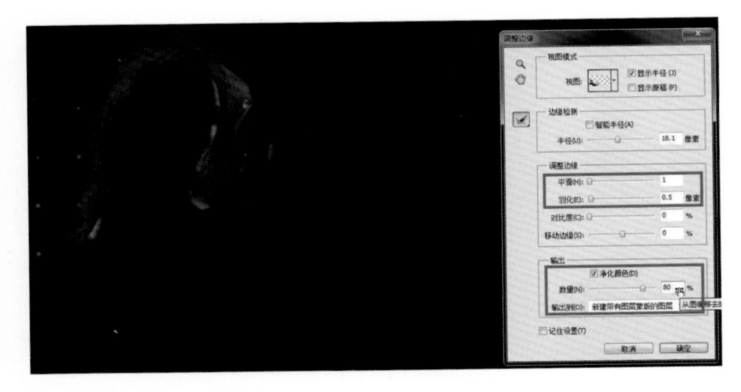

图 3-12-8

（9）置入另一张素材，使用相同的方法进行抠图，如图 3–12–9 所示。

图 3-12-9

（10）控制【半径】大小，如图 3–12–10 所示。

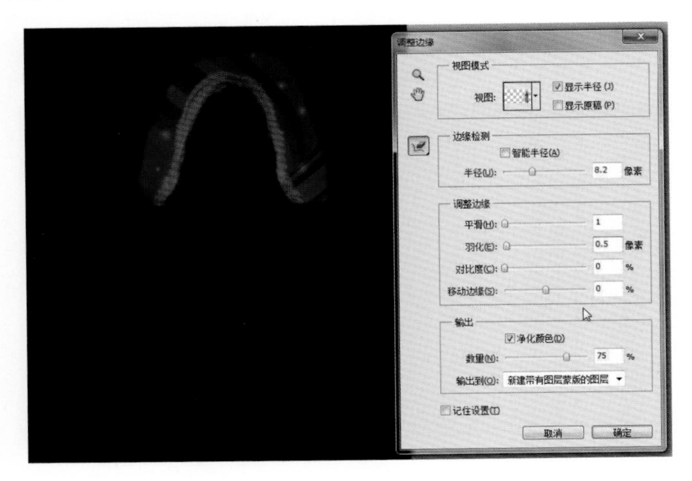

图 3-12-10

（11）最后效果，如图 3-12-11 所示。

图 3-12-11

（12）将手机素材置入到文档中，用“快速选择工具”制作选区，如图 3-12-12 所示。

（13）在选区基础上给手机层添加图层蒙板进行抠图，如图 3-12-13 所示。

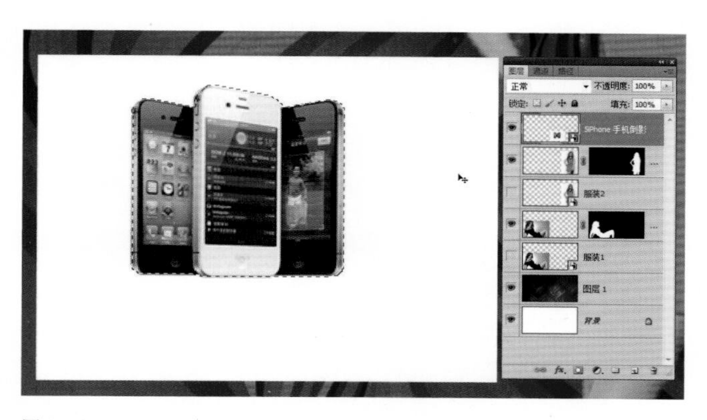

图 3-12-12

图 3-12-13

（14）复制图层，用复制的图层制作倒影，在复制出的图层使用 Ctrl+T 自由变换，右键中选择垂直翻转，调节位置，如图 3-12-14 所示。

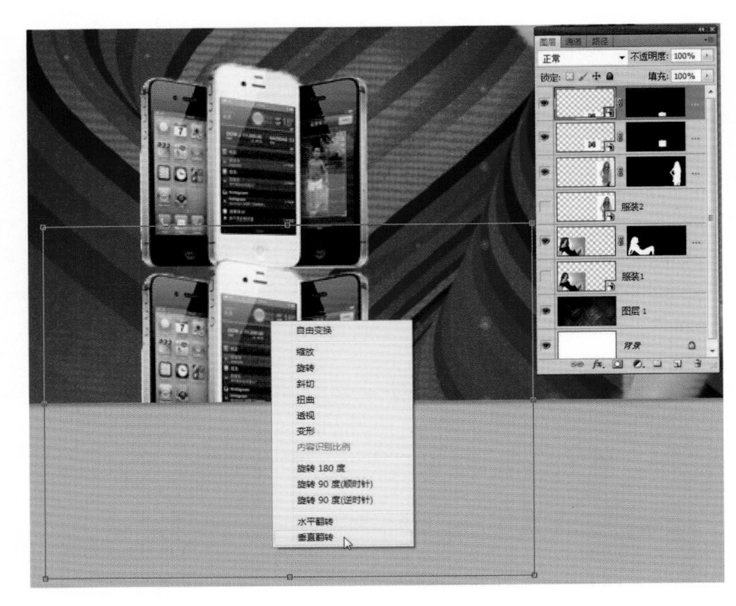

图 3-12-14

（15）倒影制作出来，下面要制作渐隐效果，如图 3-12-15 所示。

图 3-12-15

（16）按住 Ctrl 在倒影图层的图层蒙板上单击，载入手机的选区，如图 3-12-16 所示。

（17）使用“渐变工具”，选项栏选择【线性渐变】方式，设置渐变颜色为从黑到白，在倒影图层的图层蒙板中按住 Shift 拖拽，如图 3-12-17 所示。

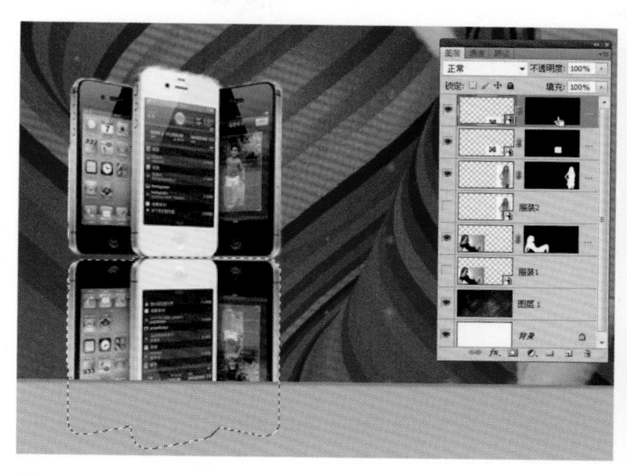

图 3-12-16

图 3-12-17

（18）将倒影图层的透明度调到 50%，如图 3-12-18 所示。

图 3-12-18

（19）使用“文字工具”创建三个文字层，并设置字体与字号大小，如图 3–12–19 所示。

图 3-12-19

（20）双击第一个文字层，在弹出的图层样式调板中选择【颜色叠加】与【描边】，设置字体的颜色和描边的大小，如图 3–12–20 所示。

图 3-12-20

（21）双击第二个文字层，在图层样式调板中选择【渐变叠加】与【描边】，设置字体的渐变色和描边大小，如图 3–12–21 所示。

图 3-12-21

（22）双击第三个文字层，使用同样的方法将文字制作完整，如图 3-12-22 所示。

（23）置入灯光素材，放在文字层下，调节大小与位置，如图 3-12-23 所示。

图 3-12-22

图 3-12-23

（24）将灯光层的层混合模式调节为【滤色】，这样黑色背景就被屏蔽掉了，如图 3-12-24 所示。

图 3-12-24

（25）给灯光层添加图层蒙板，使用“渐变工具”，选项栏选择【线性渐变】方式，颜色从黑到白，在蒙板缩略图上按住 Shift 拖拽编辑蒙板，打造渐隐效果，如图 3-12-25 所示。

图 3-12-25

（26）最终效果，如图 3-12-26 所示。

图 3-12-26

第 4 章

调色

〔本章知识点〕色彩模式、光影与色彩修正、调整层与剪贴蒙板。

〔学习目标〕认识色彩模式，熟练掌握图片调色的方法。

调色是我们经常遇到的问题，有专门对于图像的光影和色彩的修正与升华，也有抠像以后为图像合成而进行的调色。本章从色彩的模式入手，对重点调色命令进行深入讲解，探求更好用更高效的操作方法，力求帮助读者能够理解调色的原理并能够熟练运用相应的调色命令。

4.1 色彩模式

色彩模式是表示颜色的一种方式，理解色彩模式，对于颜色处理是非常有用的。由于成色原理的不同，色彩模式也有很多种。下面介绍几种常用的色彩模式。

（1）HSB 模式：色彩三属性，色相 H(Hues)、饱和度 S(Saturation)、亮度 B（Brightness）的识别，对应的识别介质是人的视觉感官。如图 4-1-1 所示，在 PS 拾色器中是红色框区域。

（2）RGB 模式：光的三原色，通过红 R(Red)、绿 G(Green)、蓝 B(Blue) 三个颜色的变化与叠加来得到各式各样的颜色。显示器、投影仪、扫描仪、电视这类靠色光直接合成颜色的设备都是使用 RGB 模式，它包括了人类视力所能感知的所有颜色。由于是光色的叠加，结果会变亮，所以也叫做加色模式，如图 4-1-2 所示。在 PS 拾色器中是图 4-1-1 中的绿色框区域。

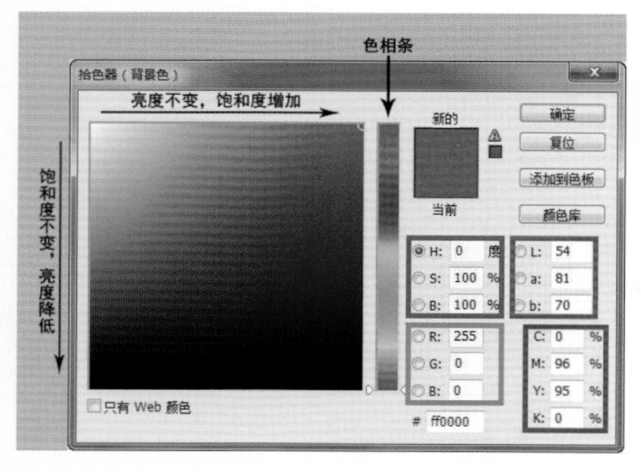

图 4-1-1

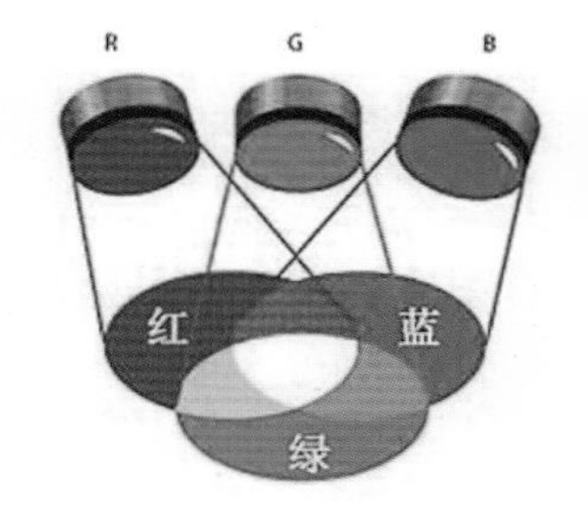

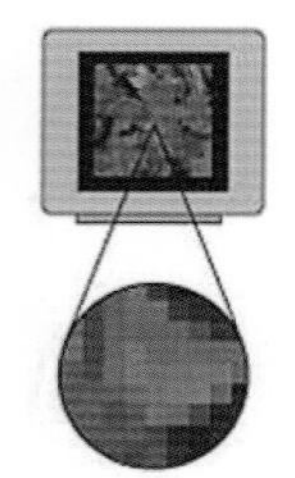

图 4-1-2

（3）CMYK 模式：印刷油墨，通过调整青 C(Cyan)、品红 M(Magenta)、黄 Y(Yellow)、黑 K(Black) 的浓淡百分比混合。打印机、印刷机这类需要使用颜料混合的设备都是使用 CMYK 模式。由于是颜料混合，结果会变暗，所以也叫做减色模式，如图 4-1-3 所示。在 PS 拾色器中是图 4-1-1 中的蓝色框区域。

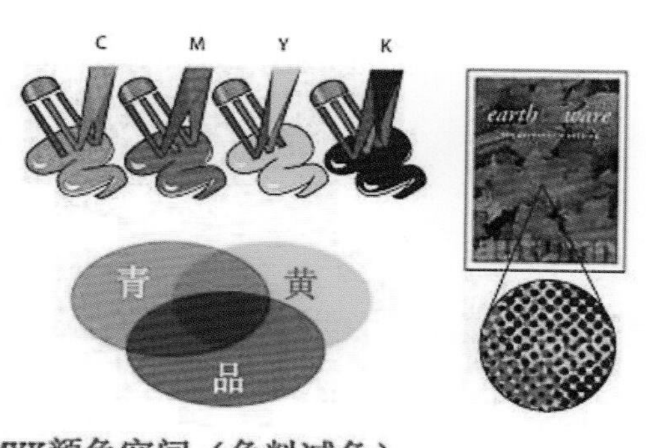

图 4-1-3

（4）LAB 模式：国际照明委员会 (CIE) 公布的一种理论上包括了人眼可见的所有色彩的色彩模式，由亮度 L(Luminosity) 和有关色彩的 a(从绿到红)、 b(从蓝到黄) 三个分量来表示颜色。由于色域最宽，常用于 PS 进行颜色转换时的中间模式。如图 4-1-4 所示，在 PS 拾色器中是图 4-1-1 中的紫色框区域。

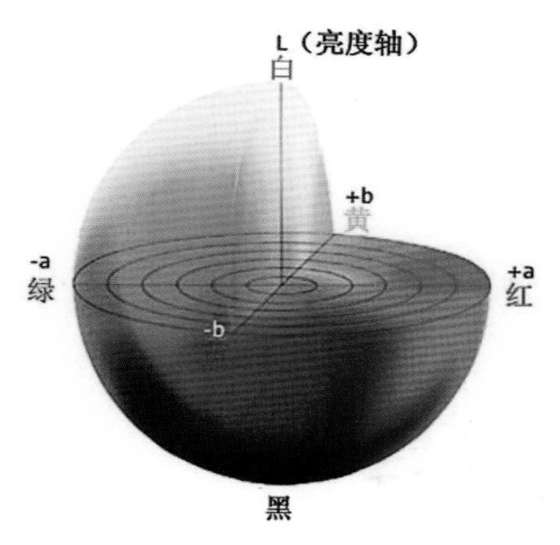

图 4-1-4

4.2 光影修正

色彩的调节主要指的是在校色的基础上主观的色彩升华。调节方法取决于创作要求，可以很严格也可以很自由。我们希望通过一种通用的调整方法，获得更贴近于现实、更符合读者主观思想的图像。不论是校色还是主观调色，我们都要考虑图像最重要的两个方面：光影与色彩。

本节主要探讨光影，也可以说是图像明暗的修正。光影指的是曝光准确，即正确的黑白场（画面中有最暗和最亮的点）与丰富的层次（暗部有黑到灰的过渡，亮部有白到灰的过渡）。

4.2.1 色阶

PS 提供我们的调色命令都在“图像菜单 > 调整”里面，命令有很多，其中重要的是针对光影的色阶、曲线、阴影 / 高光，以及针对色彩的色相饱和度、色彩平衡等几项，如图 4-2-1 所示。在这里，我们先来看针对图像光影修正的基础命令——色阶。

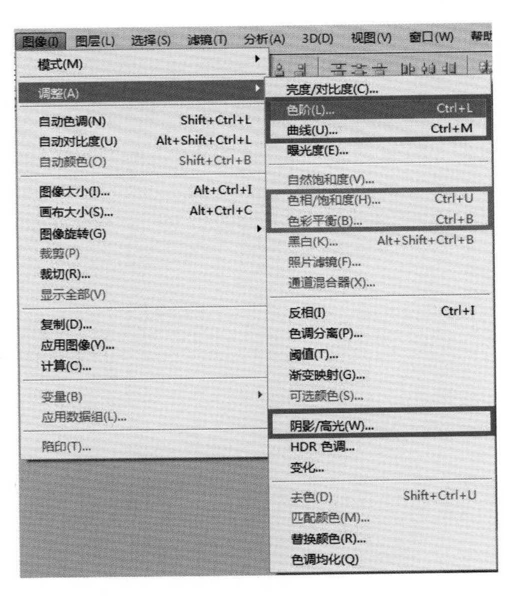

图 4-2-1

4.2.1.1 色阶调板与直方图

我们用肉眼可以看出这张图像（图 4-2-2）缺少明暗对比，即整体偏灰。使用菜单命令“图像 > 调整 > 色阶”或快捷键 Ctrl+L，可以调整图像各色调的强度级别。

图 4-2-2

色阶调板分为两部分，上半部分代表是原片的情况即修改前，下半部分表示最后的效果即修改后。

上半部分有一个坐标系，X 轴表示图像的亮度范围（分为 0~255 共 256 级，0 为最暗，255 为最亮），Y 轴表示像素的数量，整个波形反映了不同亮度级别上像素数量的分布情况。通过波形可以看出，其显示结果和我们肉眼看到的一样，画面缺少最暗和最亮的部分，即画面中相对最暗 B 点和相对最亮 A 点都不足 0 与 255，下半部分控制图像的最终亮度色阶范围，一般不动，如图 4-2-3 所示。

图 4-2-3

4.2.1.2　调整色阶的方法

（1）调输入。移动调板中输入部分的黑白场标，把原片中缺失的暗部和亮部的色阶合并，对应到输出的最暗 / 亮点，这样画面有最暗也有最亮的部分，图像就被校准了。这种方法的优

点是可以手动控制合并的程度，但是合并过度容易丧失图像的细节，所以我们一般把黑白场色标移动到有像素的地方就停止，如图 4-2-4 所示。

图 4-2-4

（2）定黑白场：用调板中的黑白吸管吸取画面中相对最暗和最亮的点，把原片中这两个地方（实际不足 0 和 255）指定为最暗 / 亮点。由于定点需要肉眼判断，点击不准就会造成细节丢失，所以这种方法最不容易控制，如图 4-2-5 所示。

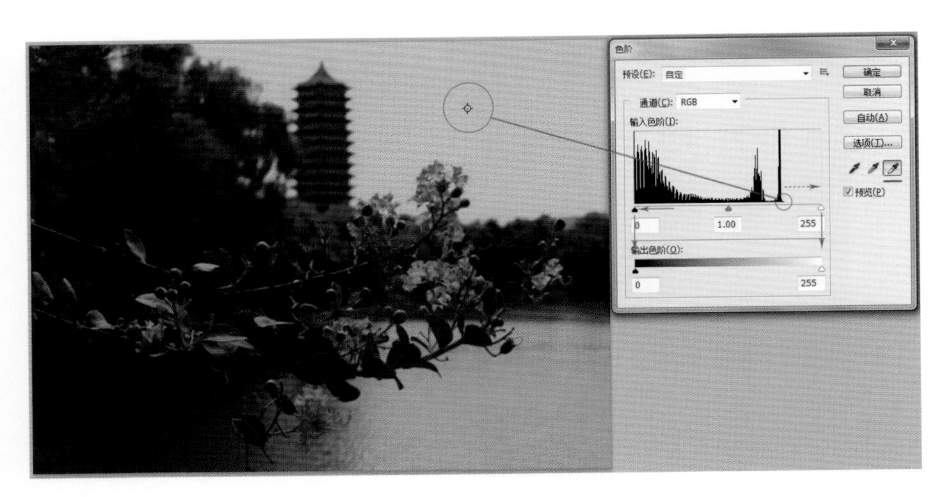

图 4-2-5

（3）自动。点击调板中的自动按钮，把原色阶平均分布到 0~255。自动可以均匀分布色阶保留图像细节，但对于颜色明暗对比不明显的图片，容易把颜色拉黑导致偏色，所以自动只适用于对比强烈的图像，如图 4-2-6 所示。

图 4-2-6

［小案例］利用色阶校正荷花图像的明暗关系

（1）打开色阶荷花素材图像，可以观察到图像整体偏暗，如图 4-2-7 所示。

图 4-2-7

（2）使用菜单命令“图像 > 调整 > 色阶”或快捷键 Ctrl+L，直方图显示的像素分布与我们肉眼观察结果一致，如图 4-2-8 所示。

（3）使用调输入的方法，将白场标向左移动，合并亮部色阶，让画面亮起来，如图4-2-9 所示。

图 4-2-8

图 4-2-9

（4）经过调整画面已经亮了起来，但是暗部依旧过暗，继续向左移动白场，使暗部亮起来，但是因为合并色阶过度，亮部的细节也丢失了，如图 4-2-10 所示。

（5）回到第三步的状态，我们不动白场，向左移动黑白场之间的灰场，灰场控制暗部与亮部的比重，这样不但暗部亮了起来，亮部细节也保留了下来，如图 4-2-11 所示。

图 4-2-10

图 4-2-11

4.2.2 曲线

除了色阶以外，还有一个重要的命令就是曲线。曲线不但能像色阶一样调节光影，还可以通过单通道调节色彩（下一节色彩修正会详细介绍）。曲线在一定程度上包含了色阶，还具有色阶不具备的功能，所以曲线是调色的核心命令。

4.2.2.1 曲线与色阶的关系

针对图 4-2-2 使用菜单命令“图像 > 调整 > 曲线”或快捷键 Ctrl+M，对比曲线调板和之前的色阶调板，我们发现两者原理相同，只是输入和输出的位置产生变化。色阶的输入和输出是比较直观的上下对应，而曲线则是坐标轴的对应，如图 4–2–12 所示。

图 4-2-12

经过调节可以发现，在曲线进行直线调节的状态下，色阶与曲线的原理和使用方法几乎是一样的，如图 4–2–13 所示。

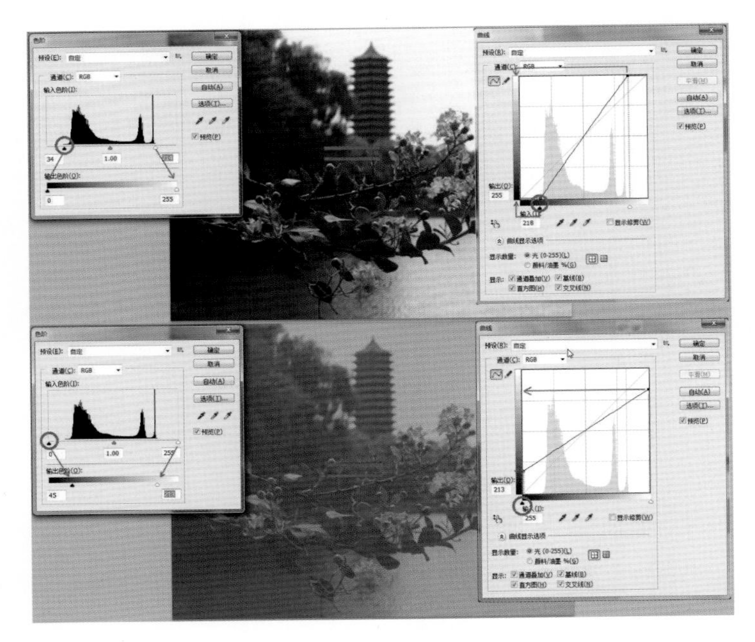

图 4-2-13

4.2.2.2 曲线的优势

曲线不但能在直线形态下收获色阶的功能，还可以使用曲线形态更加柔和地调整明暗，更可以通过打点的方式变化局部曲线的形态达到调节暗部、亮部或者灰部区域的目的。常用的三种曲线形态是上弦线整体变亮，下弦线整体变暗，S 型增加对比度。相比色阶，曲线更加强大，如图 4-2-14 所示。

通过局部曲线的形态变化进行暗部、亮部或者灰部区域的细微调节，比如对于最暗部的明暗调节，如图 4-2-15 所示。

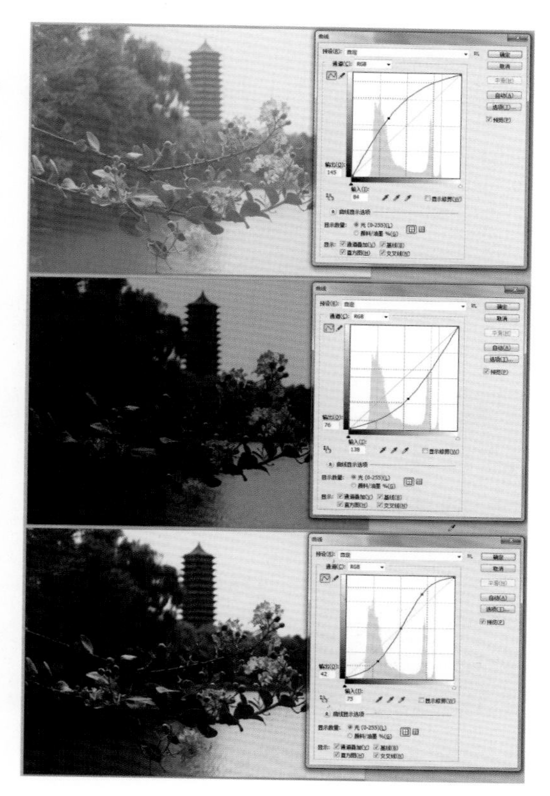

图 4-2-14

图 4-2-15

4.2.3 阴影高光

阴影高光命令主要作用于图像的阴影和高光区域，适用于图像中曝光不足或过度，逆光或者强光的处理。

[小案例] 利用阴影高光命令校正逆光图像

（1）打开阴影高光素材图像，这是一张典型的逆光照片，如图 4-2-16 所示。

（2）执行菜单命令“图像 > 调整 > 阴影高光”，调板的功能如图 4-2-17 所示。

图 4-2-16

图 4-2-17

（3）调节阴影中的【数量】按钮，我们发现图像的暗部变亮了，如图 4-2-18 所示。

（4）再试着调节高光中的【数量】按钮，我们发现图像的亮部变暗了，说明这个命令是提亮阴影压暗高光的操作，如果不需要压暗高光，可回到上一步骤，如图 4-2-19 所示。

图 4-2-18

图 4-2-19

（5）虽然暗部亮了，但被提亮以后还是缺乏饱和度和对比度，接下来使用调整中的两个选项增加饱和度和对比度，如图 4-2-20 所示。

图 4-2-20

4.3　色彩修正

明暗调节完成以后，就涉及到色彩的修正了。色彩修正主要指的是色调统一，即准确的色彩还原与适当的饱和度。色彩主要通过色相饱和度、色彩平衡以及曲线的单通道进行调节。

4.3.1　色相饱和度

色相饱和度命令用于图像色相、饱和度和亮度的调节，还可以使用【着色】选项对彩色图像或者黑白图像进行上色。

［小案例］利用色相饱和度命令给儿童衣服换颜色

（1）打开色相饱和度素材图像，如图 4–3–1 所示。

（2）执行菜单命令“图像 > 调整 > 色相饱和度”或快捷键 Ctrl+U，如图 4–3–2 所示。

图 4-3-1

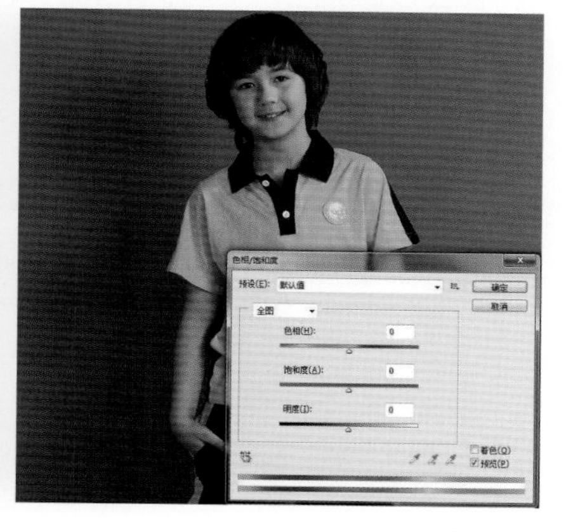

图 4-3-2

（3）调整色相标，我们发现整个图的色相都发生了变化，变化的依据是底部的色相条。上面的色相条表示原片颜色，与之相应的下面的色相条是修改后的颜色，如图 4–3–3 所示。

（4）回到初始值，如果只想调节衣服的颜色，那么可以用选区进行控制，再移动色相标，便达到我们想要的效果，如图 4–3–4 所示。

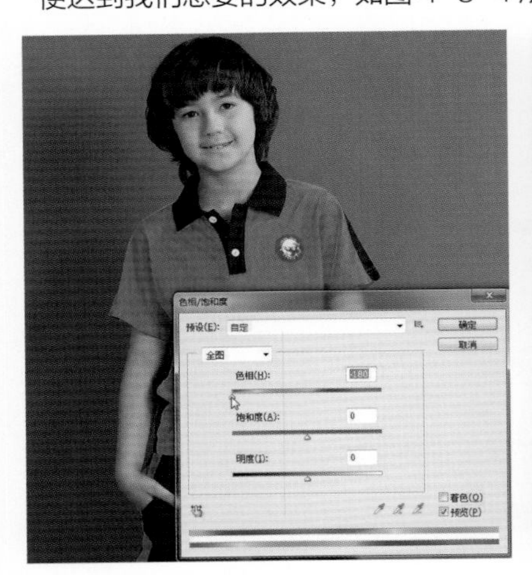

图 4-3-3

图 4-3-4

（5）除了选区，还可以使用调板中的【全图】选项进行操作，在其中选择我们想要改变的颜色，然后进行调节。如果要改变的颜色并不在全图列表里，可以任意选择一个颜色，然后用调板中的吸管去画面中吸取，如图 4–3–5 所示。

（6）在全图选项中确定了颜色以后，再调节色标改变的就只是这个颜色了，如图 4–3–6 所示。

图 4-3-5

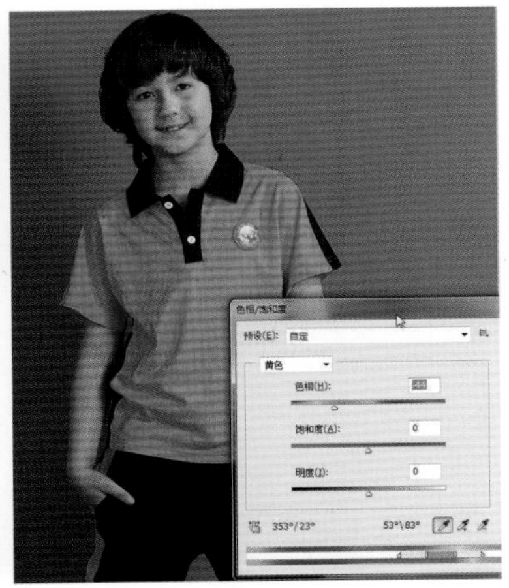

图 4-3-6

（7）虽然衣服颜色改变了，但是脸的颜色也跟着变了，这是因为我们改变的颜色色域太宽，把皮肤的颜色也包含了，适当降低色域（缩短调板底部色相条的竖条与三角间的距离），就可以避免皮肤变色，如图 4-3-7 所示。

图 4-3-7

［小案例］利用色相饱和度命令给美女染发

（1）打开色相饱和度着色素材图像，如图 4-3-8 所示。

（2）在调色之前，首先要确定头发的选区，因为是粗略选区即可，就可以使用“快速蒙板”，点击快速蒙板图标进入快速蒙板模式，用黑色笔在头发上画出红色即非选区，如图 4-3-9 所示。

图 4-3-8

图 4-3-9

（3）将整个头发区域画完，如图 4–3–10 所示。

（4）再次点击快速蒙板图标退出快速蒙板，我们确定了头发以外的选区，如图 4–3–11 所示。

图 4-3-10

图 4-3-11

（5）执行菜单命令“选择 > 反选”或快捷键 Ctrl+Shift+I，确定头发的选区，如图 4–3–12 所示。

（6）执行菜单命令“图像 > 调整 > 色相饱和度”或快捷键 Ctrl+U，勾选【着色】选项，调节色相标，如图 4–3–13 所示。

图 4-3-12

图 4-3-13

4.3.2 色彩平衡

色彩平衡命令可以通过在图像中增减红绿蓝和它们的补色青品黄，从而改变图像中各原色含量，达到调色的目的。

［小案例］利用色彩平衡给偏色风景图像校色

（1）打开色彩平衡校色素材图像，发现这张图像偏蓝偏青，偏色严重，如图 4-3-14 所示。

图 4-3-14

（2）执行菜单命令“图像 > 调整 > 色彩平衡”或快捷键 Ctrl+B，看到三个补色关系的色条，底部还有针对暗部、亮部与中间的选项，在【中间调】选项将色标往红和黄移动，增加红色和黄色，减少青和蓝，如图 4-3-15 所示。

图 4-3-15

（3）同理，分别选择【阴影】与【高光】选项，针对这两个区域也按照色调进行相应调节，如图 4-3-16 所示。

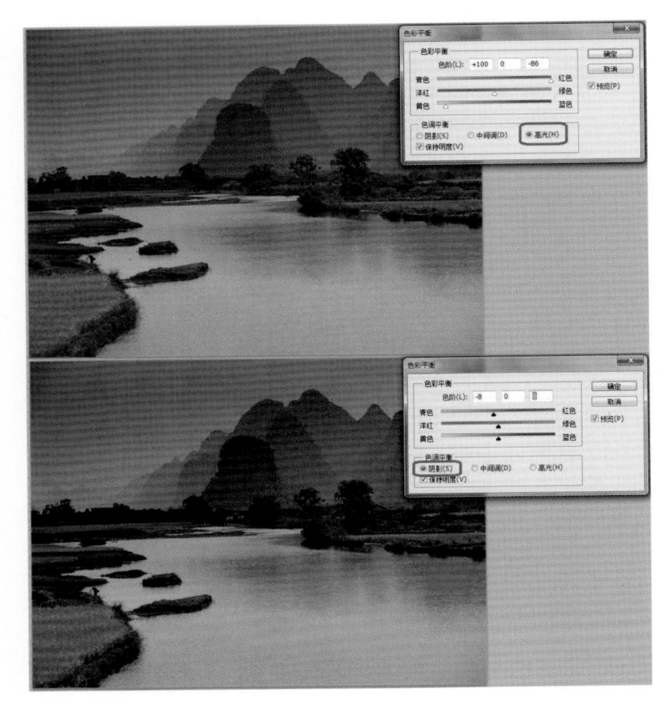

图 4-3-16

（4）色彩还原得差不多了，但是高光区域有点暗，颜色也不够蓝，这时再执行一次色彩平衡命令，选择【高光】选项，对高光区域进行调节，如图 4-3-17 所示。

图 4-3-17

[小案例] 利用色彩平衡命令调色

（1）分别打开色彩平衡调色素材图像，如图 4-3-18、图 4-3-19 所示。

图 4-3-18

图 4-3-19

（2）将建筑素材移入红色背景素材文档中，作为其上一层，使用 Ctrl+T 自由变换命令调整大小与位置，如图 4-3-20 所示。

图 4-3-20

（3）用“快速选择工具”创建楼体选区，如图 4-3-21 所示。

图 4-3-21

（4）在建筑层创建图层蒙版，使用黑色画笔在蒙版缩略图中的建筑底部区域进行涂抹，如图 4-3-22 所示。

图 4-3-22

（5）分别调节阴影、中间调、高光区域的色彩平衡，如图 4-3-23 所示。

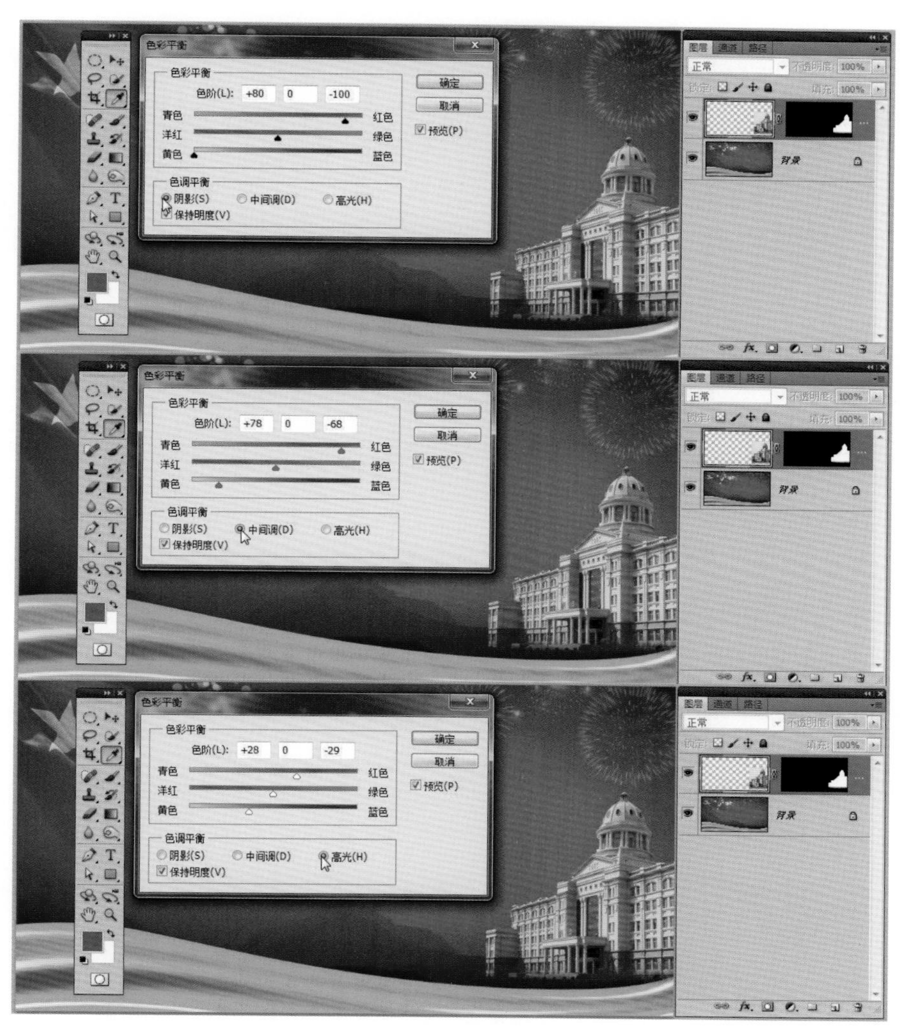

图 4-3-23

4.3.3　曲线单通道

除了色相饱和度与色彩平衡命令，还可以通过曲线去调节色彩。曲线的功能非常强大，曲线除了可以对光影进行柔和与细节的调节以外，还可以通过对单个通道的调节而改变对象的色彩，调节的位置如图 4-3-24 所示。

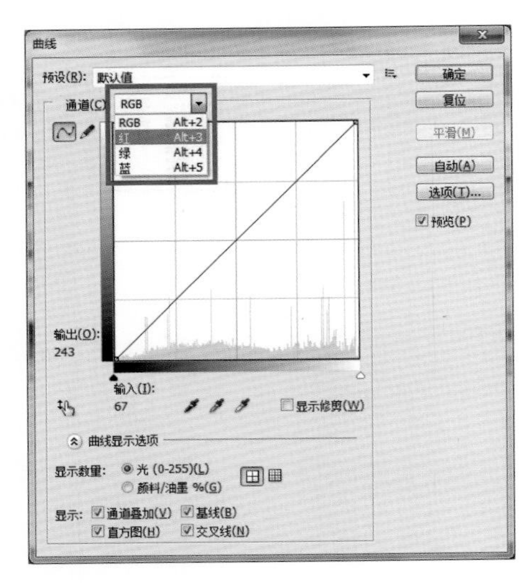

图 4-3-24

4.3.3.1 曲线单通道调色原理

前面我们都是在整体图像中调整，现在来看一下单独对通道调整的效果，电子设备所产生的图像都是由红、绿、蓝三种色光按照不同比例混合而成，所谓通道即是指这单独的红、绿、蓝部分，又称 RGB。三者的关系如图 4-3-25 所示。

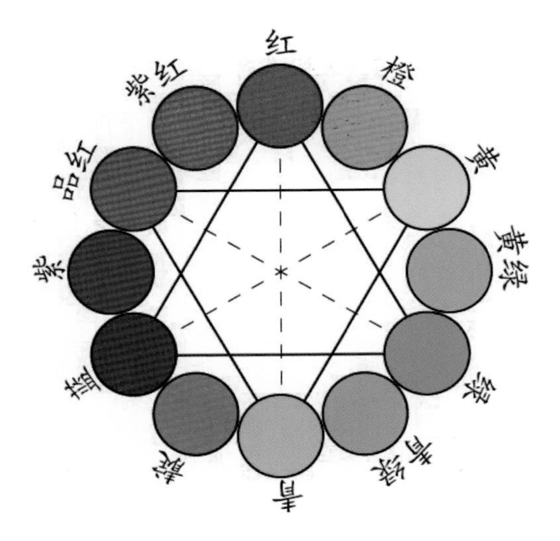

图 4-3-25

如果单独加亮红色通道，相当于增加整幅图像中红色的成分，结果整幅图像将偏红。如果单独减暗红色通道，结果图像将偏青，因为红与青是反转色（又称互补色），同理，绿与品红、蓝与黄也是反转色。反转色相互之间是此消彼长的关系，即加亮黄色等于减暗蓝色，加亮品红就等于减暗绿色，如果要加亮金黄（金黄由红和黄组成），则需要同时加亮红色和减暗蓝色。

调色规律总结如下：相对为补色，此消彼长（＋红 =－青）；两个加色相加等于一个减色（绿＋蓝＝青）；两个减色相加等于一个加色。最终在 RGB 模式下，加一个就等于减另外两个（＋红 =－青 =－绿－蓝）。

4.3.3.2　单通道调色方法

我们通过先调整复合通道，再调节单通道，最后回到复合通道的顺序小幅度调整。图像红，不要盲目减少红（减红可能会导致画面变暗），减红可以通过加青来实现（＋青 =＋绿＋蓝）。

[小案例] 利用曲线单通道命令校正钟楼建筑色彩

（1）打开曲线单通道钟楼素材图像，如图 4-3-26 所示。

（2）执行菜单命令“图像 > 调整 > 曲线”或快捷键 Ctrl+M，先在 RGB 通道下调节整体明暗对比，如图 4-3-27 所示。

图 4-3-26

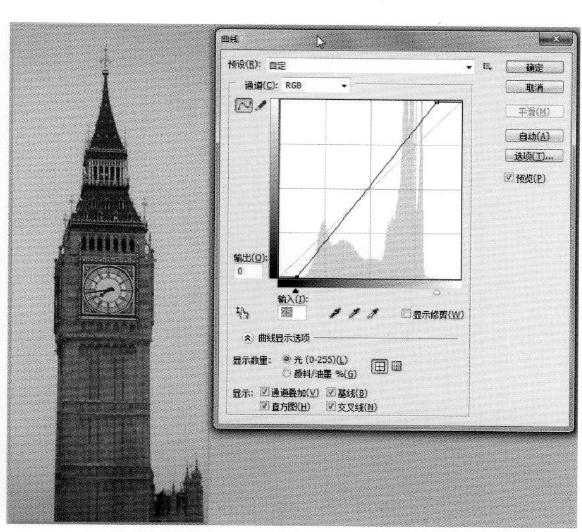

图 4-3-27

（3）整体对比拉开，但是图像有些偏红，如果在通道选项中切换到红色通道，使用下弦线降低画面的红色，会发现红色是降低了，但是画面整体暗了，而我们想要的是在整体明暗不变的情况下降低红色，如图 4-3-28 所示。

（4）回到上一步，既然降低红色不行，青和红是补色，我们可以加绿加蓝，即加青，加青一样可以达到降红的目的，而且能保证整体画面的亮度不被降低，如图 4-3-29、图 4-3-30 所示。

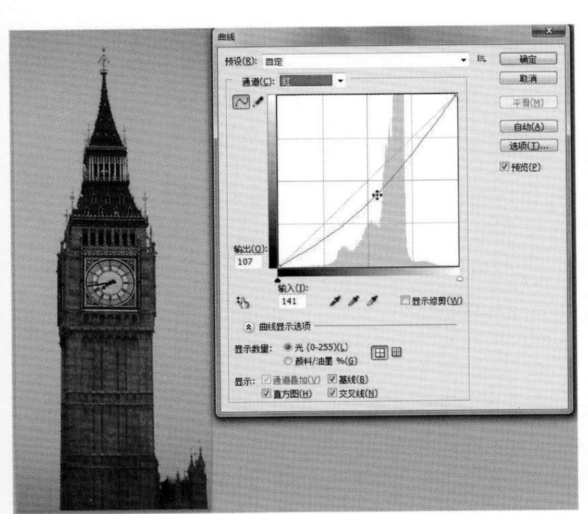

图 4-3-28

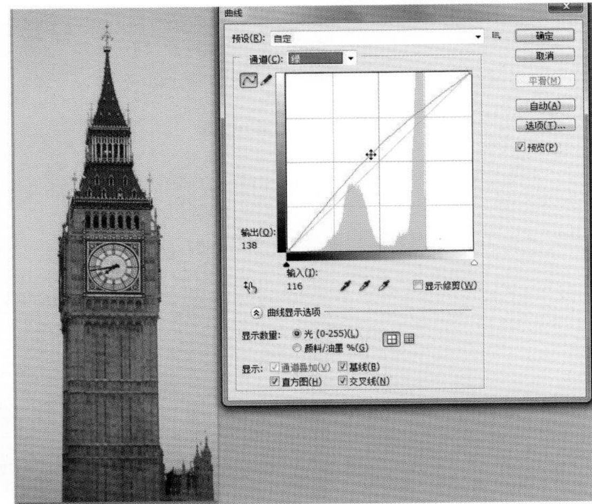

图 4-3-29

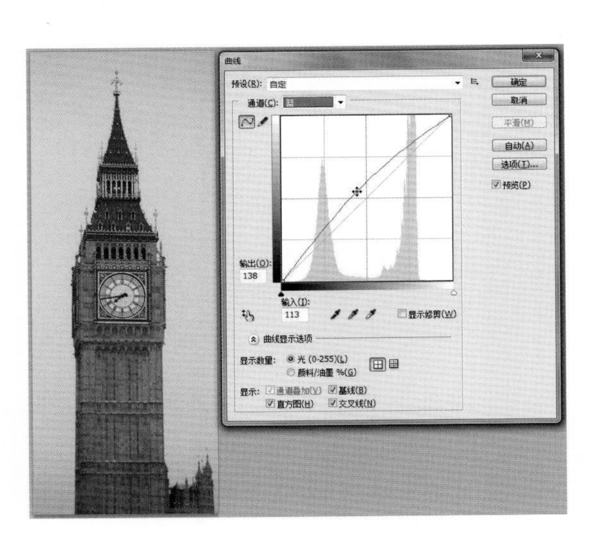

图 4-3-30

（5）最终调色效果，如图 4-3-31 所示。

（6）最后，由于调节单通道颜色，整体明暗会受到影响，回到 RGB 通道，再稍微增加一点对比度，如图 4-3-32 所示。

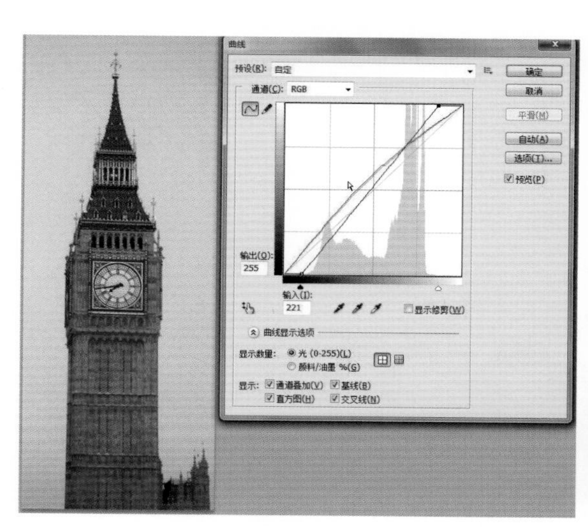

图 4-3-31

图 4-3-32

4.4　黑白、阈值、反向

除了光影与色彩的修正以外，还有几个与黑白和反色相关的命令也比较常用。

4.4.1　黑白

黑白命令可以将彩色图像变为灰度图像，并且在转换中可以控制主要颜色在转换后的明暗度，是非常好用的彩色转灰度的命令。

［小案例］利用黑白命令制作儿童照灰度图像

（1）打开儿童照转灰度素材图像，如图 4-4-1 所示。

（2）使用菜单命令“图像 > 调整 > 色相饱和度”或快捷键 Ctrl+U，虽然可以降低饱和度达到彩色转灰度的效果，但是这种方法不能控制原片中色彩的亮度，如图 4-4-2 所示。

图 4-4-1

图 4-4-2

（3）使用菜单命令“图像 > 调整 > 去色”或快捷键 Ctrl+Shift+U，其最终效果和降低饱和度是一样的，同样不能控制原片中色彩的亮度，如图 4-4-3 所示。

图 4-4-3

（4）使用菜单命令“图像 > 调整 > 黑白”或快捷键 Ctrl+Shift+Alt+B，画面变成灰度了，还多了几个滑竿可以调节，如图 4-4-4 所示。

（5）向左调节【蓝色】滑竿，发现原片中蓝色的位置变得更暗，如图 4-4-5 所示。

图 4-4-4

图 4-4-5

（6）向右调节【黄色】滑竿，发现原片中黄色的位置变得更亮，这样就实现了在转变为灰度的同时控制某个颜色的亮度的效果，如图 4-4-6 所示。

图 4-4-6

4.4.2 阈值

阈值命令可以将彩色或灰度图像转换为高对比度的纯黑白图像，是制作黑白插画或装饰效果的有效方法。

［小案例］利用阈值命令制作涂鸦效果图像

（1）打开阈值制作涂鸦素材图像，如图 4-4-7 所示。

（2）使用菜单命令“图像>调整>阈值”，图像以128中间灰作为分界线，变为纯黑白图像，如图 4-4-8 所示。

图 4-4-7

图 4-4-8

（3）移动色标，可以控制黑白分界点的位置，从而控制画面黑白色的比重，达到想要的效果，如图 4-4-9 所示。

图 4-4-9

（4）确定后使用“魔棒工具”，不勾选【连续】选项，选择画面的黑色部分，如图 4-4-10 所示。

图 4-4-10

（5）新建图层，填充想要的颜色，做成单色涂鸦效果，如图 4-4-11 所示。

（6）加入其他素材，可以做出你想要的剪影效果，如图 4-4-12 所示。

图 4-4-11

图 4-4-12

4.4.3　反向

反向命令可以反转图像中像素的颜色，获得负片效果，即白变黑。

[小案例] 利用反向命令制作负片效果

（1）打开反向制作负片素材图像，如图 4–4–13 所示。

图 4-4-13

（2）使用菜单命令“图像 > 调整 > 反向”或快捷键 Ctrl+I，图像变为如图 4–4–14 所示的效果。

图 4-4-14

4.5 其他调色命令

除了上述调色命令以外，还有一些使用快捷或者可以制作特殊效果的命令。

4.5.1 匹配颜色

匹配颜色命令可以快速将一个图像的颜色色调应用于另一个图像，是一种高效的调色手法。

[小案例] 利用匹配颜色命令融合两张图像

（1）分别打开匹配颜色素材图像，如图 4-5-1、图 4-5-2 所示。

图 4-5-1

图 4-5-2

（2）将素材的两个文档并列放置，如图 4-5-3 所示。

图 4-5-3

（3）在素材 1（图 4–5–1）文档中执行菜单命令“图像 > 调整 > 匹配颜色”，在调板中选择素材 2（图 4–5–2），如图 4–5–4 所示。

（4）这时已经将素材 2 的色调匹配到素材 1 里，如图 4–5–5 所示。

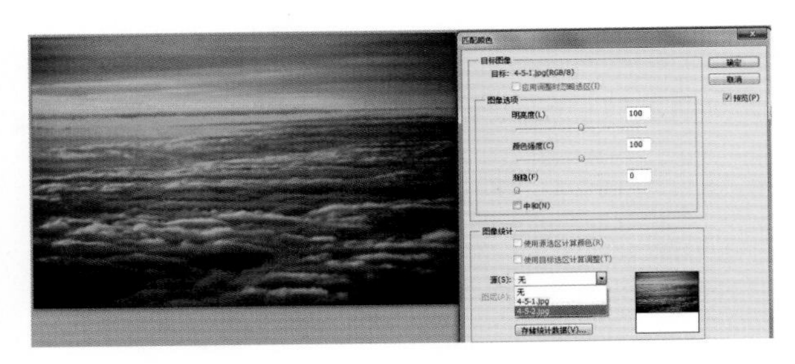

图 4-5-4

图 4-5-5

4.5.2 渐变映射

渐变映射命令可以使用渐变的色阶去映射替换原片的明暗色阶，达到特殊效果。

[小案例] 利用渐变映射命令制作特殊效果

（1）打开渐变映射素材图像，如图 4–5–6 所示。

图 4-5-6

（2）执行菜单命令“图像 > 调整 > 渐变映射”，选择一个彩色渐变，会发现渐变的颜色替换了原片的明暗色阶，如图 4-5-7 所示。

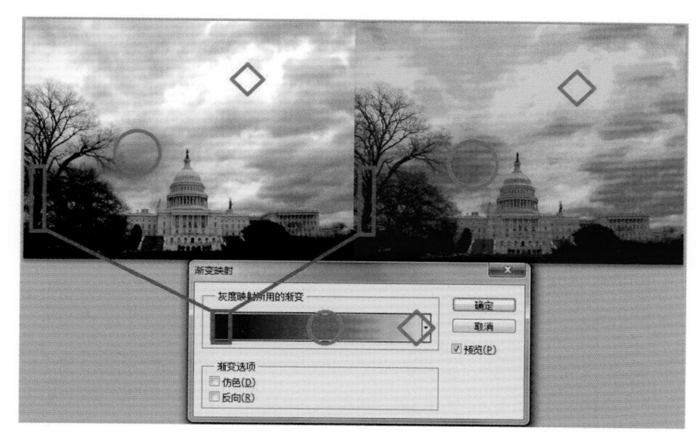

图 4-5-7

（3）如果我们使用黑白渐变，原彩色图像就被替换成了灰度效果，如图 4-5-8 所示。

图 4-5-8

4.6　调整图层

前面介绍了多种调色命令，虽然调色命令很强大，但是自始至终都在原素材上操作，而且调完色以后并不好修改。针对这些问题，调整图层的作用就显现出来了。

4.6.1　调整图层的优势

调整图层的位置在图层调板的底部，打开发现它和调色命令几乎是一致的，如图 4-6-1 所示。

针对调色命令的问题，当我们通过调整图层进行调色时，会发现画面的几个变化，如图 4-6-2 所示。

第一个变化是调整图层的调色并没有破坏原始素材，而只是在其图层上层创建了一个调色的图层施加相应的调色效果。

第二个变化是调色完毕后，可以再次点击调整图层对其数据进行修改。

第三个变化是调整图层附带蒙板，通过黑白编辑蒙板来控制调色的区域范围。

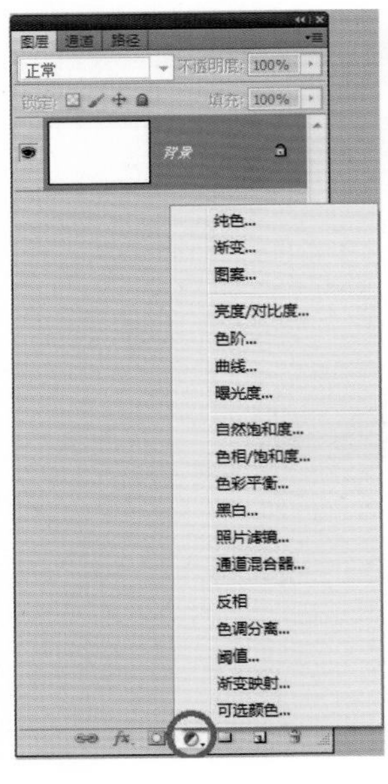

图 4-6-1

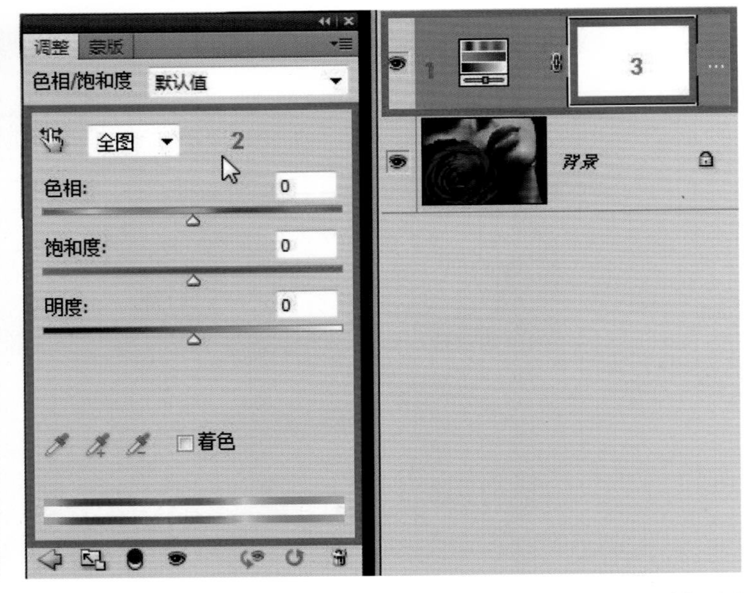

图 4-6-2

4.6.2　调整图层的使用方法

［小案例］利用调整图层将红玫瑰调出蓝色妖姬效果

（1）打开红玫瑰素材图像，如图 4-6-3 所示。

（2）在图层调板底部建立“色相饱和度调整图层”，如图 4–6–4 所示。

图 4-6-3

图 4-6-4

（3）建立好调整图层，就会发现上面所说的三个变化，这正是调整图层的优势，如图 4–6–5 所示。

（4）按照“色相饱和度”命令的用法，调节【全图】选项到红色，改变红色的色相，红花改变了，相应的皮肤和嘴唇的颜色也改变了，如图 4–6–6 所示。

图 4-6-5

图 4-6-6

（5）如果改小红色的色域，皮肤的颜色恢复了正常，但是由于嘴唇颜色与花太接近，依然处于变色状态，如图 4–6–7 所示。

（6）选用“画笔工具”，设置前景色为黑色，点击激活调整图层后的蒙板，在蒙板上用黑色进行涂抹，便会发现蒙板挡住的地方恢复了原色，也就是色相饱和度命令不起作用了，如图 4–6–8 所示。

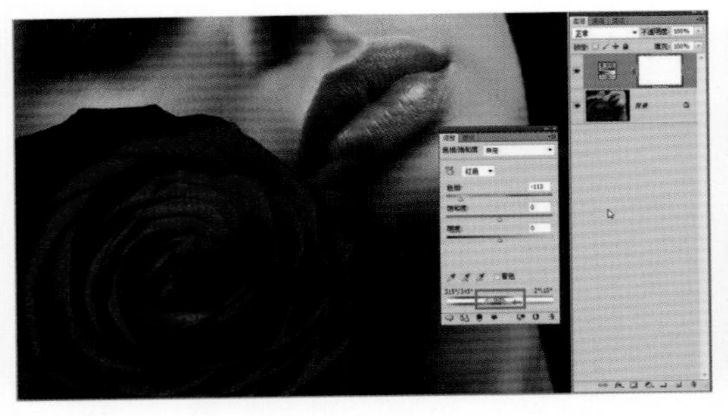

图 4-6-7

图 4-6-8

4.6.3 调整图层的弊端与解决方法

调整图层有诸多优势，但是也有弊端，就是调整图层对它下面的所有图层都起调色的作用，如何让它只针对某一层，需要使用剪贴蒙板命令。

[小案例] 利用调整图层控制单独一层的图像

（1）分别打开调整图层与剪贴蒙板素材图像，如图 4–6–9、图 4–6–10 所示。

图 4-6-9

图 4-6-10

（2）将荷花素材放入到美女素材的文档中，作为上一层，在两层上建立一个“曲线调整图层”，如图 4–6–11 所示。

图 4-6-11

（3）上弦线调亮曲线，发现荷花与美女素材都变亮，如图 4–6–12 所示。

图 4-6-12

（4）下弦线调暗曲线，荷花与美女素材都变暗，这说明调整图层对其下面的所有图层都起作用，如图 4–6–13 所示。

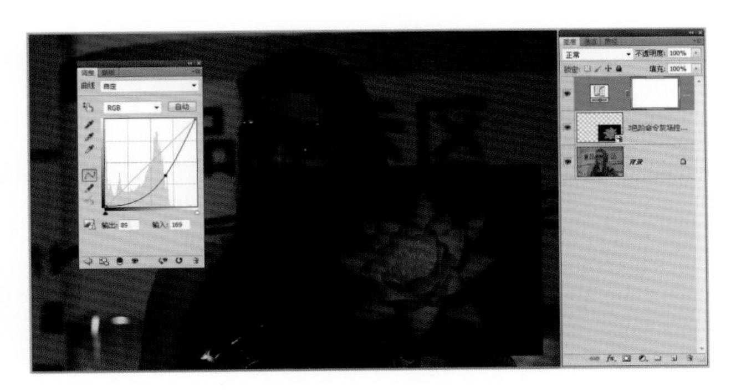

图 4-6-13

（5）如果想让曲线调整图层的方法只对荷花起作用，需要在曲线调整图层和荷花层间建立一个关系，即剪贴蒙板（原理会在下节详细讲解）。按住 Alt 在需要建立关系的两层之间点击一下，如图 4–6–14 所示。

图 4-6-14

（6）调整图层向后退了半格，并出现了一个向下的箭头，这说明建立成功，再次调节曲线调整图层的参数，会发现只有荷花层受到影响，说明使用剪贴蒙板实现了调整图层对于某一层的操作影响，如图 4–6–15 所示。

图 4-6-15

4.7 剪贴蒙板

剪贴蒙板可以通过下面图层的属性（像素或者透明）控制上面一个图层或多个图层的显示和隐藏（像素区域显示上层内容，透明区域隐藏上层内容），达到蒙板的效果。

4.7.1 剪贴蒙板产生的条件

下面图层要存在透明的区域，在两图层间按住 Alt 单击或者选择上层 Ctrl+Alt+G 建立剪贴蒙板。

4.7.2 剪贴蒙板的使用方法

［小案例］利用剪贴蒙板命令实现遮罩效果

（1）分别打开剪贴蒙板的素材图像，如图 4–7–1、图 4–7–2 所示。

图 4-7-1

图 4-7-2

（2）根据剪贴蒙板实现的条件，大图在上层，小图在下层。将图 4–7–2 放置到图 4–7–1 文档中，将图 4–7–2 作为上一层，如图 4–7–3 所示。

图 4-7-3

（3）隐藏上一层，选择下一层进行操作。根据剪贴蒙板实现的条件，下层小图要存在透明区域。在 PS 里背景层是不允许透明的，所以要先双击背景层，将背景层转化为普通层，如图 4–7–4 所示。

（4）使用“魔棒工具”选择下层的白色区域并删除，这样下层就有了透明区域，如图 4–7–5 所示。

图 4-7-4

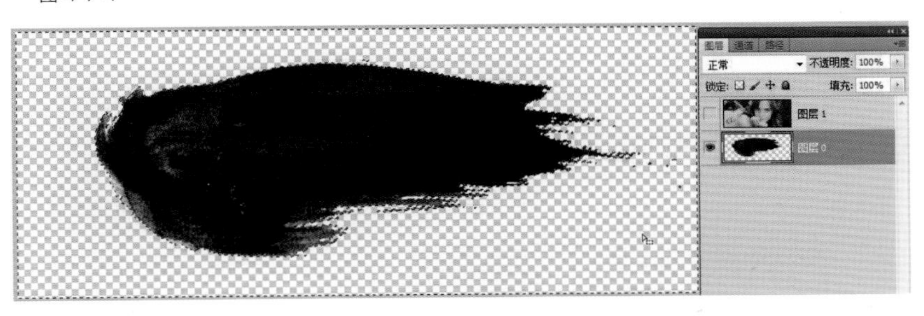

图 4-7-5

（5）在两层之间按住 Alt，出现双圆符号点击左键，这样就在两层之间建立了剪贴蒙板，如图 4–7–6 所示。

图 4-7-6

（6）剪贴蒙板效果，如图 4-7-7 所示。

（7）选择上一层，使用“移动工具”，可以移动上层的位置，如图 4-7-8 所示。

图 4-7-7

图 4-7-8

（8）再次在两层之间点击 Alt，可以解除剪贴蒙板。隐藏上一层，将下层小图填充纯色、渐变与图案，如图 4-7-9 所示。

图 4-7-9

（9）再次建立剪贴蒙板，剪贴蒙板只识别像素与透明，下层是纯色、渐变或是图案，都不会影响最终效果，如图 4–7–10 所示。

图 4-7-10

［小案例］利用剪贴蒙板命令实现图案字效果

（1）分别打开图案和字的素材图像，如图 4–7–11、图 4–7–12 所示。

图 4-7-11

图 4-7-12

（2）根据剪贴蒙板实现的第一个条件，将图 4–7–12 放置到图 4–7–11 中，并将图 4–7–11 作为上一层，如图 4–7–13 所示。

（3）隐藏上一层，先双击背景层，将背景层转化为普通层，如图 4–7–14 所示。

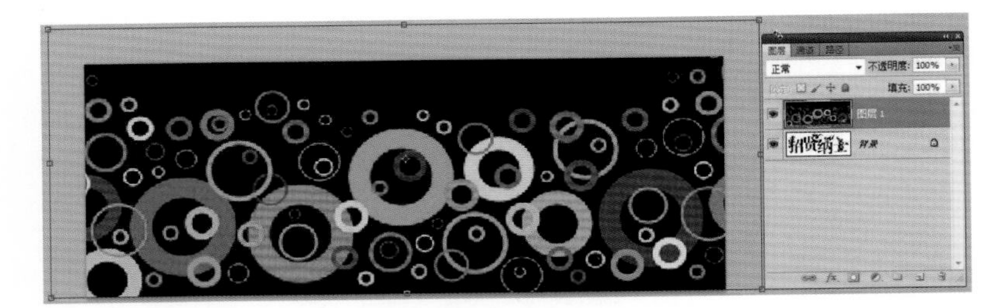

图 4-7-13

图 4-7-14

（4）使用“魔棒工具”选择下层的白色区域并删除，这样下层就有了透明区域，如图 4-7-15 所示。

（5）在两层之间按住 Alt 键点击，在两层之间建立了剪贴蒙板，如图 4-7-16 所示。

图 4-7-15

图 4-7-16

（6）最终效果如图 4-7-17 所示，上层的图案只在下层的像素区域显示。

图 4-7-17

4.8 综合商业案例：画册内页

［制作思路］新建文档绘制多个方块并排列分布，合并图层与图像，建立剪贴蒙板并调色。

［技术看点］画形工具、合并图层、剪贴蒙板、色彩平衡等。

（1）使用菜单命令“文件 > 新建”或快捷键 Ctrl+N 新建文档，设置文档的参数，如图 4-8-1 所示。

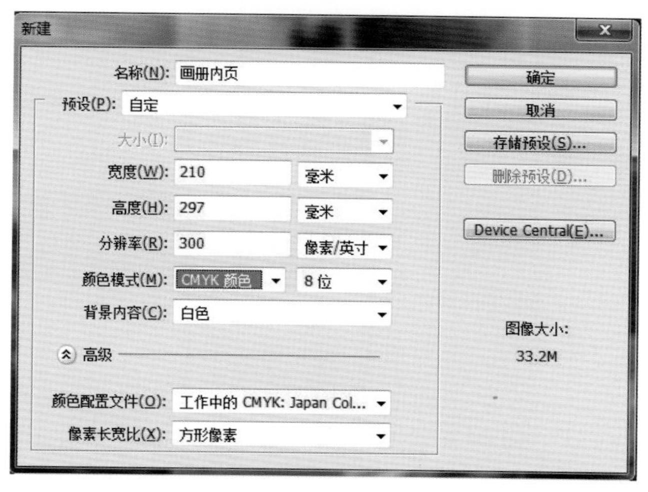

图 4-8-1

（2）工具栏选择“画形工具”，选项栏中选择第一项【形状图层】，按住 Shift 拖拽绘制正方形，如图 4-8-2 所示。

（3）使用“移动工具”，按住 Alt 对图层进行移动复制，同时按住 Shift 保证在水平方向上，如图 4–8–3 所示。

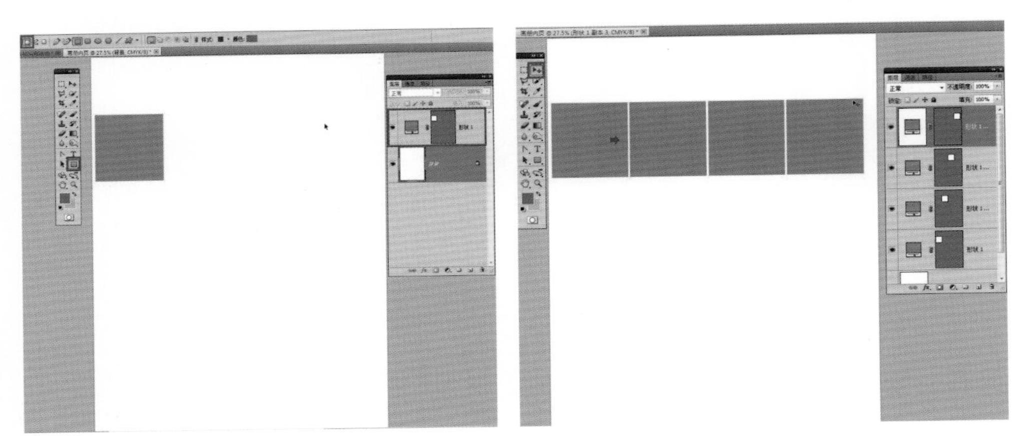

图 4-8-2　　图 4-8-3

（4）使用“移动工具”，按住 Ctrl 框选多个图层，如图 4–8–4 所示。

（5）给选中的图层执行“移动工具”选项栏中的【水平平均分布】使其等距。因为是正方形，所以按左按右或是按中心分布效果是一样的，如图 4–8–5 所示。

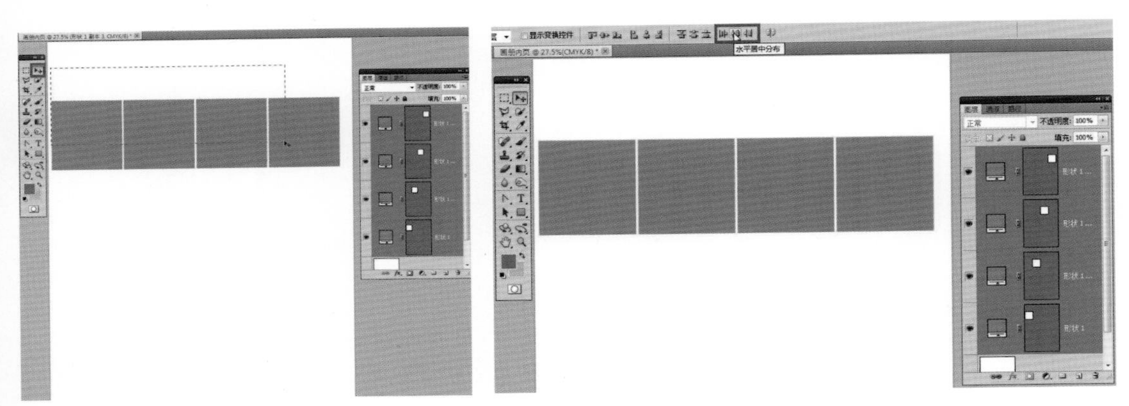

图 4-8-4　　图 4-8-5

（6）选中四层，使用“移动工具”按住 Alt 向下移动复制图层，同时按住 Shift 保持垂直方向，如图 4–8–6 所示。

（7）继续用“移动工具”，按住 Ctrl 框选纵向第一列多个图层，如图 4-8-7 所示。

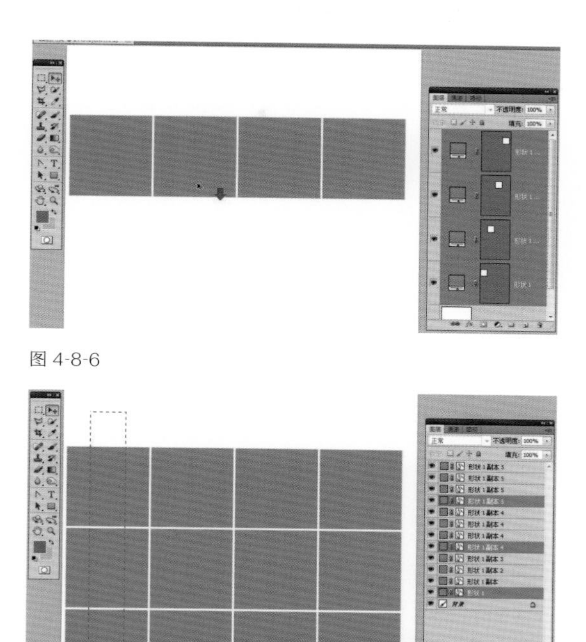

图 4-8-6

图 4-8-7

（8）在选中的纵向图层中执行“移动工具”选项栏中的【垂直平均分布】，同样方法将另外三列纵向方块也平均分布，如图 4-8-8 所示。

（9）继续用“移动工具”，按住 Ctrl 框选右上角四个图层，如图 4-8-9 所示。

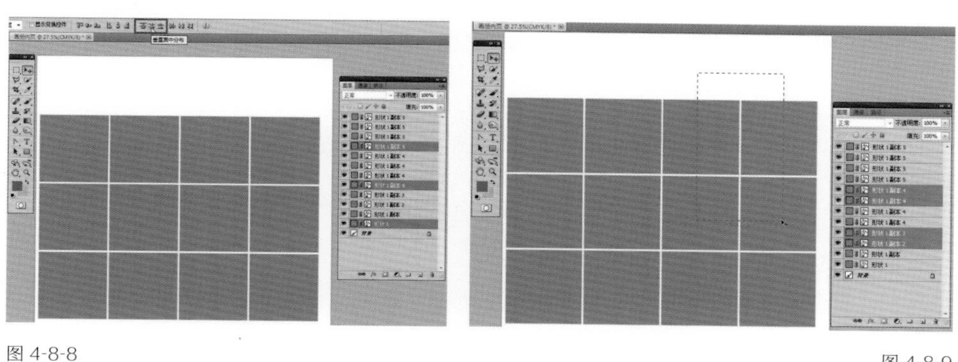

图 4-8-8

图 4-8-9

（10）将选中的右上角四个图层，执行菜单命令“图层 > 合并图层”或快捷键 Ctrl+E 合并成一层，如图 4-8-10 所示。

（11）同样方法，用 Ctrl+E 合并相应图层，如图 4–8–11 所示。

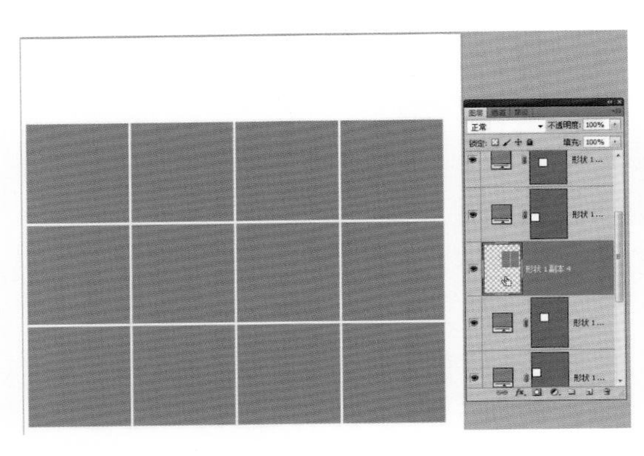

图 4-8-10

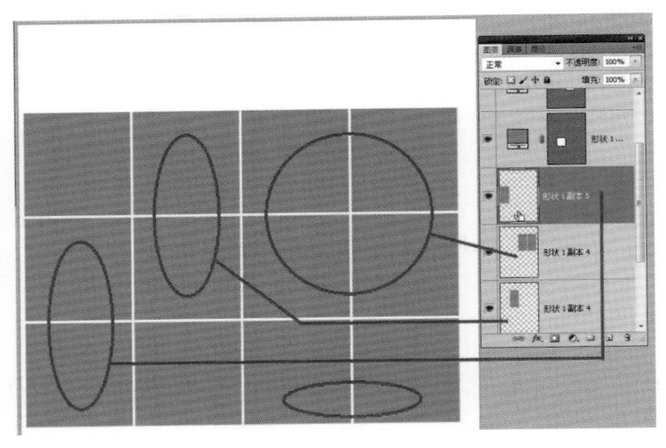

图 4-8-11

（12）将素材图像移动至合并图层的上一层，在两层间按住 Alt 键点击，在两层间建立剪贴蒙板，如图 4–8–12 所示。

（13）在素材上一层建立“色彩平衡调整图层”，如图 4–8–13 所示。

图 4-8-12

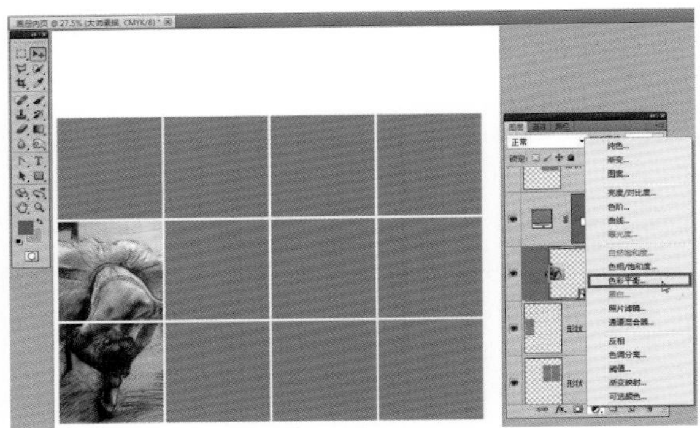

图 4-8-13

（14）调节色彩平衡的数值，调节成偏红黄的颜色，如图 4–8–14 所示。

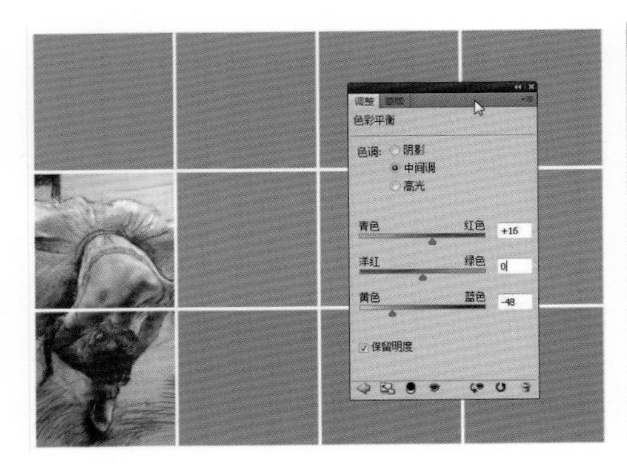

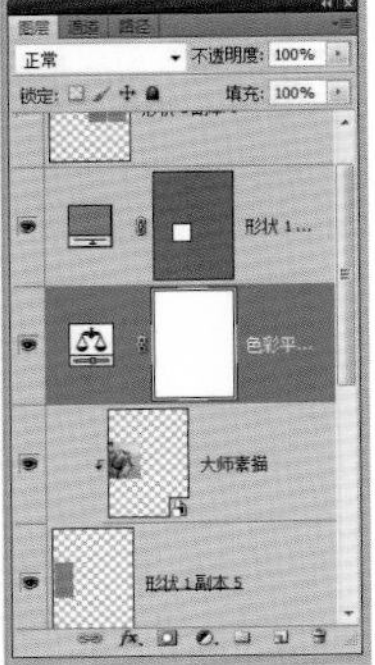

图 4-8-14

（15）在色彩平衡层与素材层之间建立剪贴蒙板，让调色只对一层起作用，如图4-8-15 所示。

（16）使用相同的方法制作其他的图像效果，如图 4-8-16 所示。

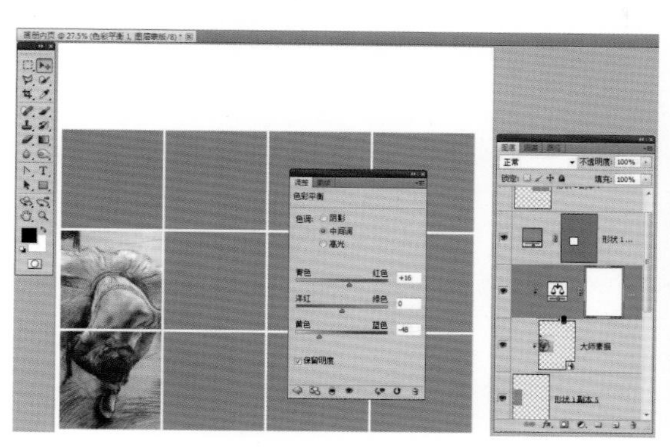

图 4-8-15

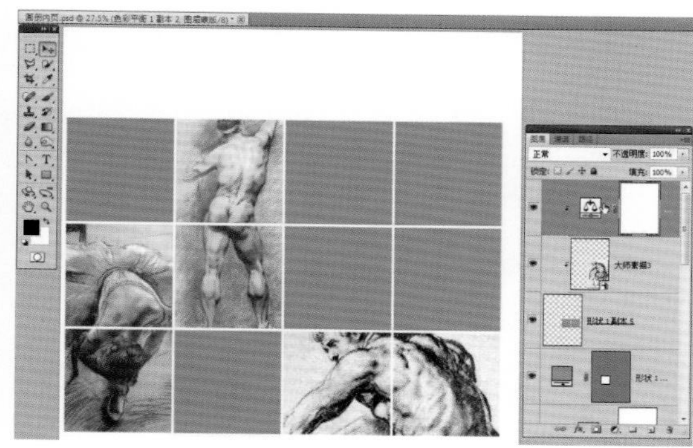

图 4-8-16

（17）将素材图像移动至四个方块合并的图层的上一层，在两层间按住 Alt 键点击建立剪贴蒙板，如图 4-8-17 所示。

（18）在素材上一层建立“色相饱和度调整图层”，并在两层之间建立剪贴蒙板，如图4-8-18 所示。

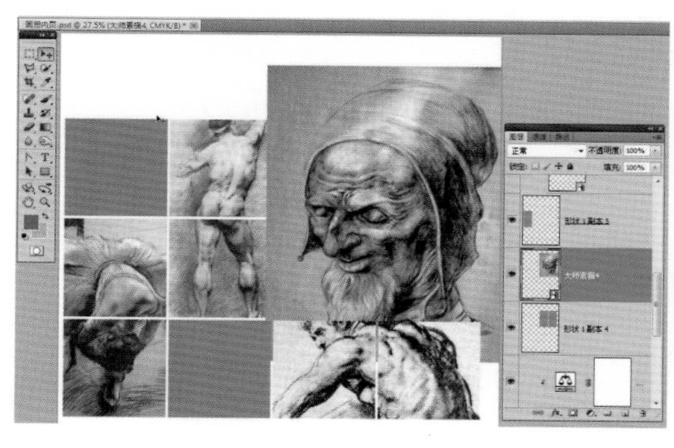

图 4-8-17

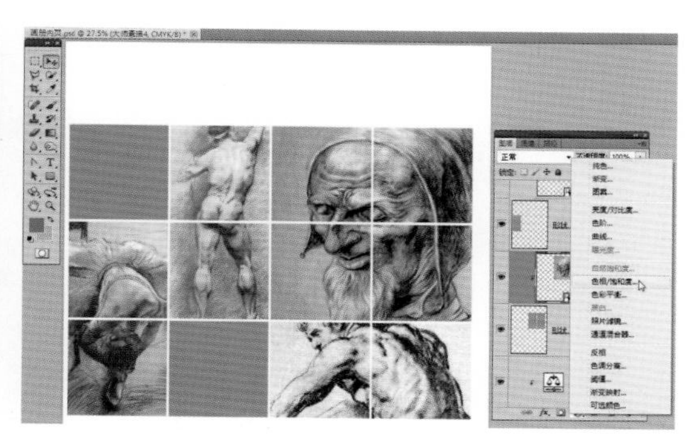

图 4-8-18

（19）勾选“色相饱和度调整图层”中的【着色】选项，调节数值，把画面调成绿色调，如图 4-8-19 所示。

（20）选择“横排文字工具”，在画面中点击创建文字层并录入文字，如图 4-8-20 所示。

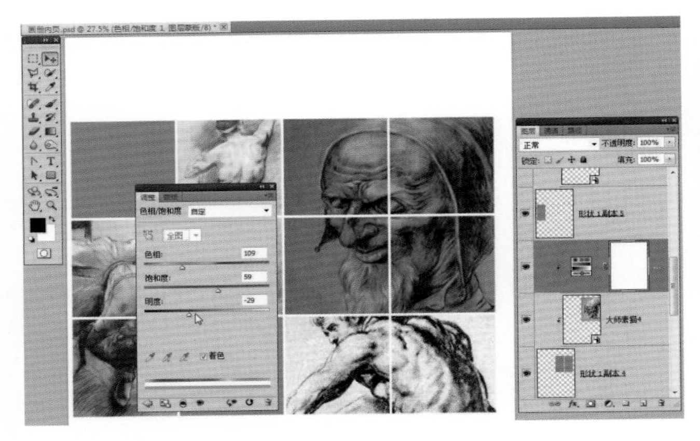

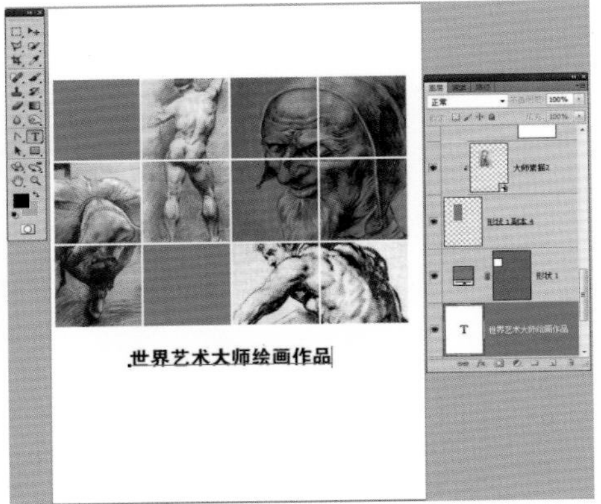

图 4-8-19

图 4-8-20

（21）选择“直排文字工具”，在画面中拉框创建文字区域并输入文字，使用字符调板调节行距等参数，如图 4-8-21 所示。

（21）最终效果如图 4-8-22 所示。

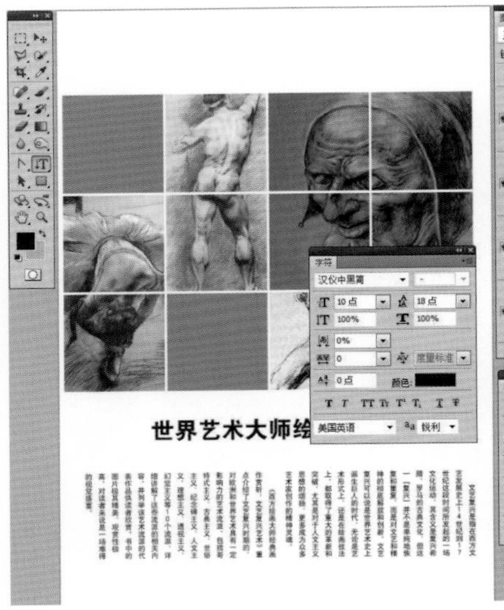

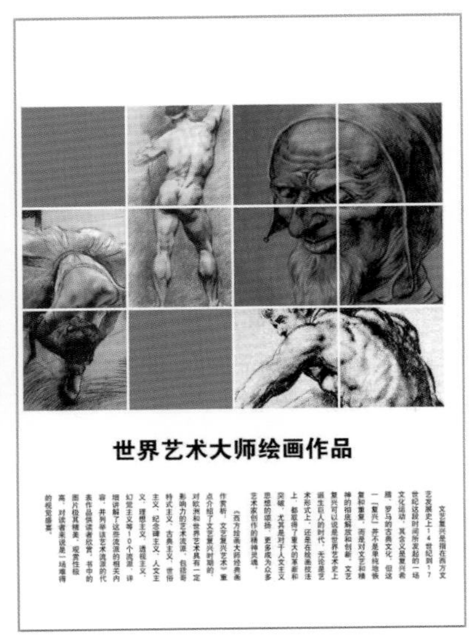

图 4-8-21

图 4-8-22

4.9 综合商业案例：电影海报

［制作思路］新建文档，移入相应素材进行蒙板抠图融合，调节统一色调。

［技术看点］图层蒙板、色彩平衡、剪贴蒙板、画形工具等。

（1）使用菜单命令“文件 > 新建”或快捷键 Ctrl+N 新建文档，设置文档的参数，如图 4-9-1 所示。

（2）将素材 1、素材 2、素材 3 移入到新建文档中，图层顺序如图 4-9-2 排布，用 Ctrl+T 自由变换命令调整大小与位置，如图 4-9-2 所示。

图 4-9-1

图 4-9-2

（3）给素材 2、素材 3 添加图层蒙板，如图 4-9-3 所示。

（4）用黑色画笔编辑图层蒙板，隐藏多余的部分，将图像进行合成，如图 4-9-4 所示。

图 4-9-3

图 4-9-4

（5）在素材 1 的图层上创建“色彩平衡调整层”，如图 4-9-5 所示。

（6）调节色调偏红偏黄，让素材 1 与素材 2、素材 3 的色调趋于一致，如图 4-9-6 所示。

图 4-9-5

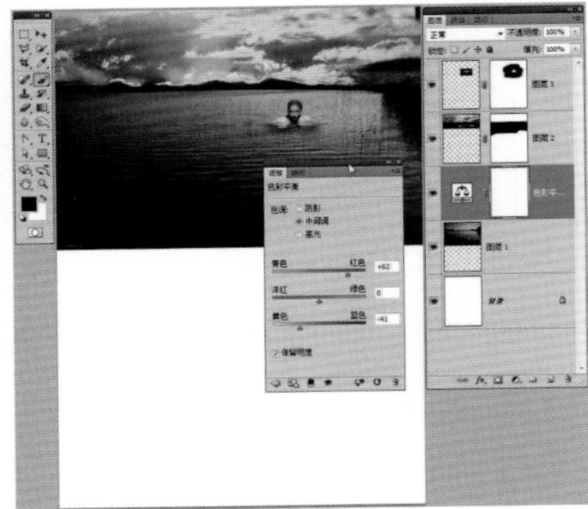

图 4-9-6

（7）在色彩平衡调色层与素材 1 图层之间建立剪贴蒙板，如图 4–9–7 所示。

（8）使用“画形工具”，选项栏选择【形状图层】，创建一个黑色图层。将素材 4 移入文档，调节位置与大小并添加图层蒙板，如图 4–9–8 所示。

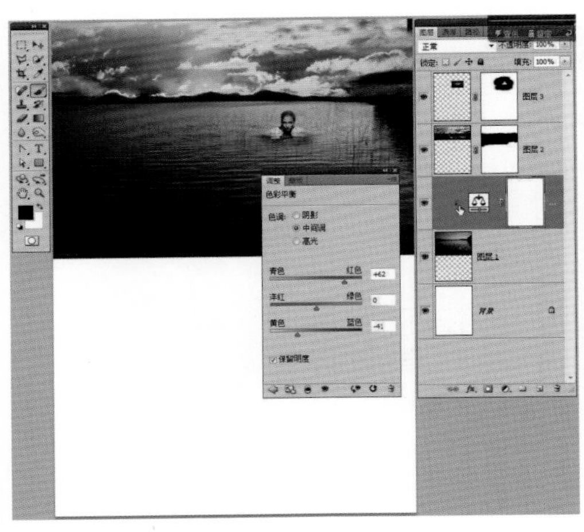

图 4-9-7

图 4-9-8

（9）使用“渐变工具”，选项栏选择【径向方式】，编辑黑白渐变色，如图 4–9–9 所示。

（10）使用黑白渐变在图层蒙板上拖拽，如图 4–9–10 所示。

图 4-9-9

图 4-9-10

（11）在这层上建立“色彩平衡调整层”，如图 4-9-11 所示。

（12）调节色调偏红偏黄，让其色调与整体色调一致，如图 4-9-12 所示。

图 4-9-11

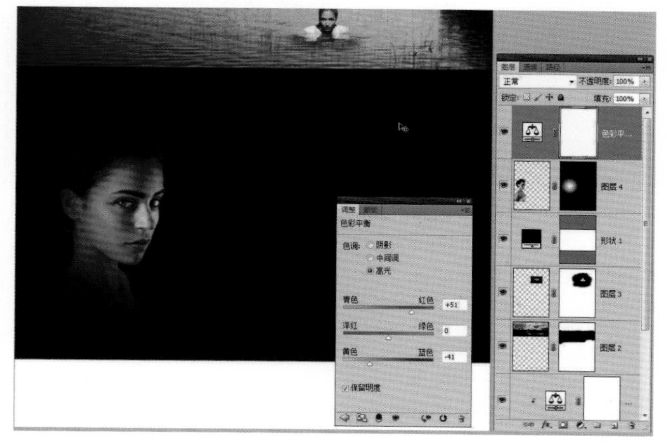

图 4-9-12

（13）在色彩平衡调色层与素材图层之间建立剪贴蒙板，让其只对素材图层起作用，如图 4-9-13 所示。

图 4-9-13

（14）使用相同的方法，制作另外两个人物的抠像与调色，如图 4-9-14 所示。

（15）在图层最上方创建“曲线调整层”，如图 4-9-15 所示。

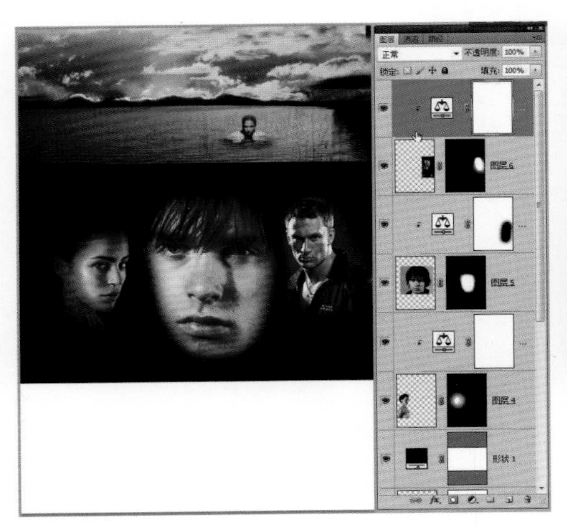

图 4-9-14

图 4-9-15

（16）在曲线调整层加大一些对比度，如图 4-9-16 所示。

（17）移入素材 7，如图 4-9-17 所示。

图 4-9-16

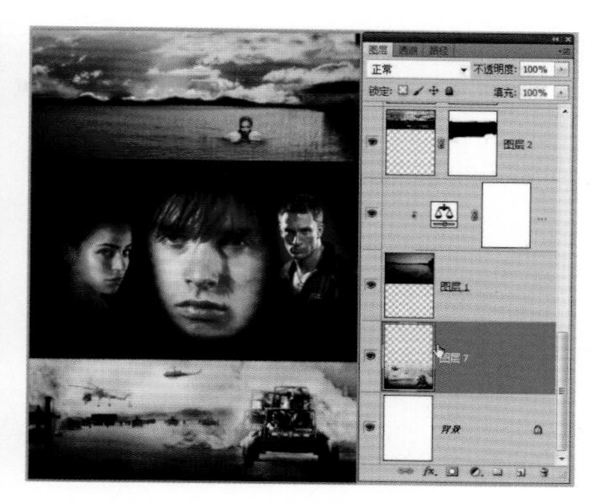

图 4-9-17

（18）给素材 7 添加“色彩平衡调整层”，并建立剪贴蒙板，如图 4-9-18 所示。

（19）移入条纹素材，并适当用图层蒙板进行修饰，如图 4-9-19 所示。

图 4-9-18

图 4-9-19

（20）用“文字工具”键入文字，最终效果如图 4-9-20 所示。

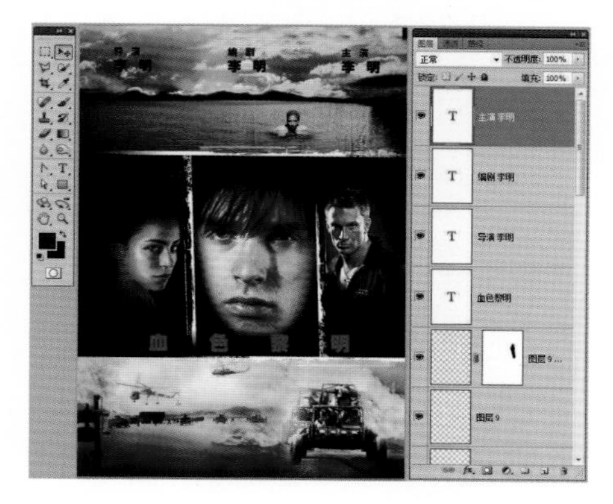

图 4-9-20

第 5 章

特效

〔本章知识点〕模糊滤镜、锐化滤镜、扭曲滤镜、其他滤镜、外挂滤镜。

〔学习目标〕熟练掌握常用滤镜特效的应用，了解外挂滤镜。

特效主要用滤镜来制作，滤镜是 PS 中最吸引人的内容，通过各种滤镜的组合，可以实现绚丽多彩的视觉效果，打造特有的质感、纹理与背景特效。本章就主要的滤镜特效进行详细讲解，希望读者能够通过本章学习加深对滤镜的认识，掌握添加特效的技法。

5.1 智能对象

智能对象是 Photoshop 中的重要功能之一，它可以保护栅格或者矢量图像原始数据。创建智能对象最常用的方式就是直接在图层面板中，通过右键菜单将图层转化成智能对象，或者将图片直接拖拽到文档工作区进行创建。智能对象图层的右下角会附带小图标作为标识。

保持图片质量并可替换内容是智能对象重要的优势之一。被栅格化的图片在做拉伸等变形处理的时候会遭到破坏造成像素损失，从而降低图片质量。智能对象会记录图片最原始的信息，让图片质量与最初保持一致（图片放大到超过原大的时候才会模糊）。双击智能对象的缩略图打开源文件，我们可以对源文件编辑或直接替换，关闭源文件智能对象更新，如图 5-1-1 所示。

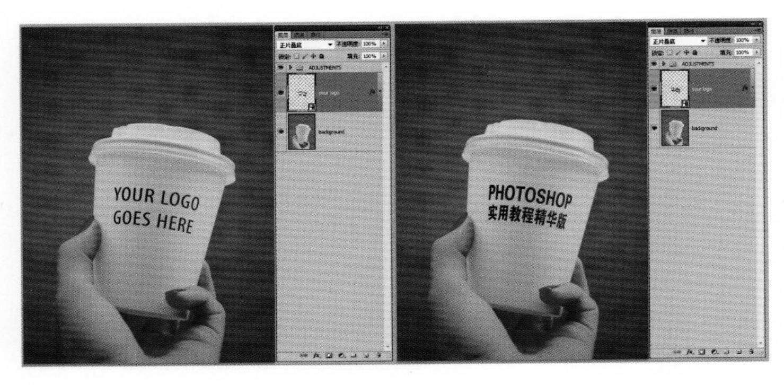

图 5-1-1

使用智能滤镜是智能对象的另一大优势。将图层转换为智能对象后添加滤镜，PS 会自动使用智能滤镜。智能滤镜不但可以双击图层下方的相应滤镜命令按钮随时调整滤镜的参数，而且在图层的下方会出现一个智能滤镜蒙板，可以通过控制滤镜蒙板的黑白来显示或隐藏滤镜的效果，这也是我们为了保护源素材，方便修改和控制局部而在添加滤镜特效前所要做的工作，如图 5-1-2 所示。

图 5-1-2

5.2 模糊

模糊特效是柔化选区内的图像或整个图像，通过平衡图像中已定义的线条和遮蔽区域的清晰边缘旁边的像素，使变化显得柔和，从而产生模糊效果。在 PS 中实现模糊主要有两种方法，模糊工具与模糊滤镜，相比命令的全面与可控性，更多时候我们选用模糊滤镜进行操作。

模糊工具可以柔化硬边缘或减少图像中的细节，使用该工具在某个区域上方绘制的次数越多，该区域就越模糊。模糊工具的选项栏参数如图 5-2-1 所示。

图 5-2-1

【模式】用来设置“模糊工具”的混合模式，包括正常、变暗、变亮、色相、饱和度以及明度。

【强度】用来设置“模糊工具”的模糊强度。

“模糊滤镜组”包括场景模糊、光圈模糊、移轴模糊、表面模糊、动感模糊、方框模糊、高斯模糊、进一步模糊、径向模糊、镜头模糊、模糊、平均、特殊模糊、形状模糊 14 种滤镜，如图 5-2-2 所示。

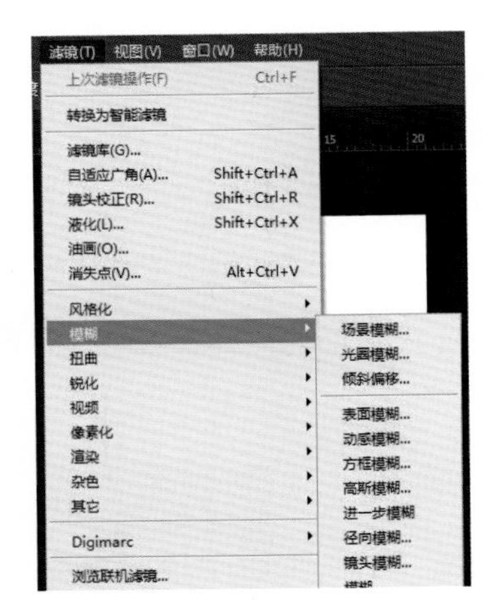

图 5-2-2

5.2.1 表面模糊

表面模糊滤镜能够在保留边缘的同时模糊图像。我们一般利用表面模糊滤镜创建特殊效果并消除杂色或颗粒，在实际工作中经常用它来美化皮肤。

打开一张素材图像，如图 5-2-3 所示，执行菜单命令“滤镜 > 模糊 > 表面模糊”，打开“表面模糊”对话框，如图 5-2-4 所示，效果如图 5-2-5 所示。

图 5-2-3

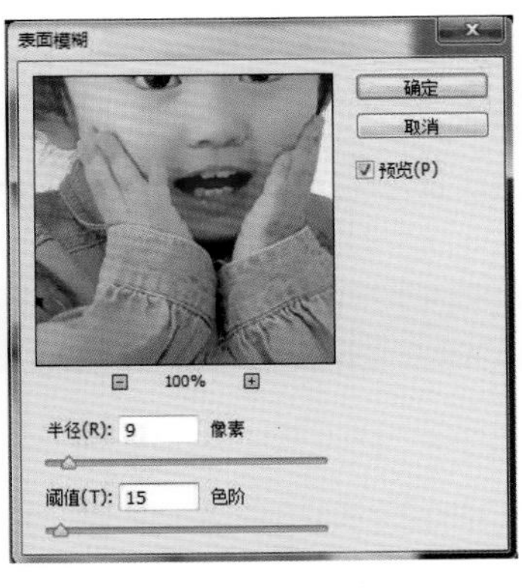

图 5-2-4

图 5-2-5

【半径】指定模糊取样区域的大小。半径值越高，图像越光滑模糊，半径值越低，图像越清晰。

【阈值】控制相邻像素色调值与中心像素值相差多大时才能成为模糊的一部分。色调值差小于阈值的像素将被排除在模糊之外。

5.2.2 高斯模糊

高斯模糊滤镜使用可调整的量快速模糊选区。可以向图像中添加低频细节，使图像产生一种朦胧的模糊效果。

打开一张素材图像，如图 5-2-6 所示，执行菜单命令“滤镜 > 模糊 > 高斯模糊”，打开“高斯模糊”对话框，如图 5-2-7 所示，效果如图 5-2-8 所示。

图 5-2-6

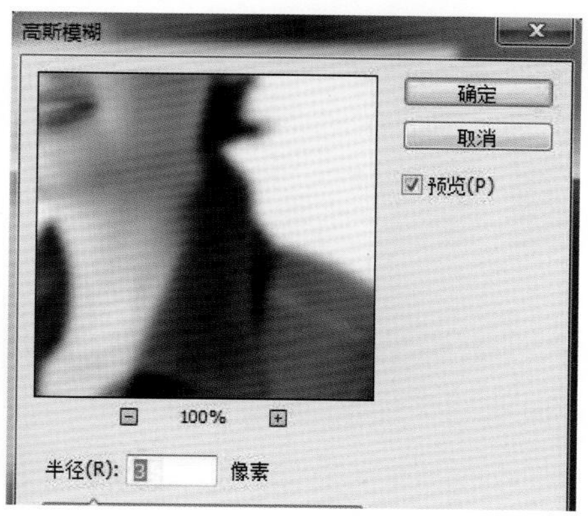

图 5-2-7

图 5-2-8

【半径】用于计算指定像素平均值的区域大小。半径值越高，产生的模糊效果越好。

[小案例] 利用高斯模糊滤镜美化皮肤

（1）打开素材图片，如图 5-2-9 所示。

图 5-2-9

（2）创建一个“曲线”调整图层，然后在属性面板中将曲线调节成如图 5–2–10 所示的形状，效果如图 5–2–11 所示。

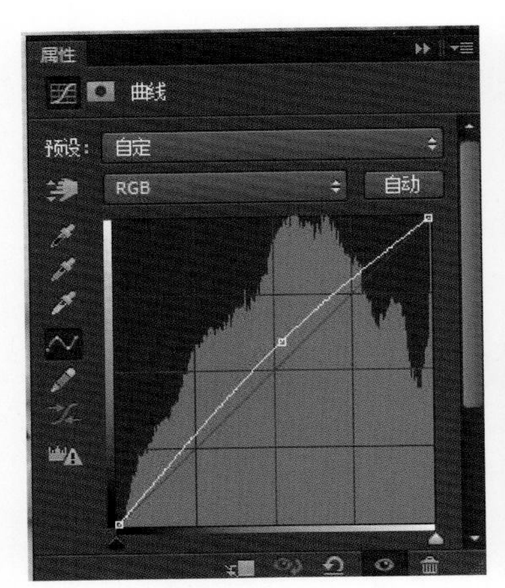

图 5-2-10

图 5-2-11

（3）按下 Ctrl+Shift+Alt+E 组合键将可见图层盖印到图层 1 中，然后按下 Ctrl+J 组合键，一个图层 1 副本，如图 5–2–12 所示。

图 5-2-12

（4）在拷贝图层 1 副本上，执行菜单命令“滤镜 > 模糊 > 高斯模糊”，最后在弹出的“高斯模糊”对话框中设置【半径】为 6 像素，如图 5-2-13 所示，效果如图 5-2-14 所示。

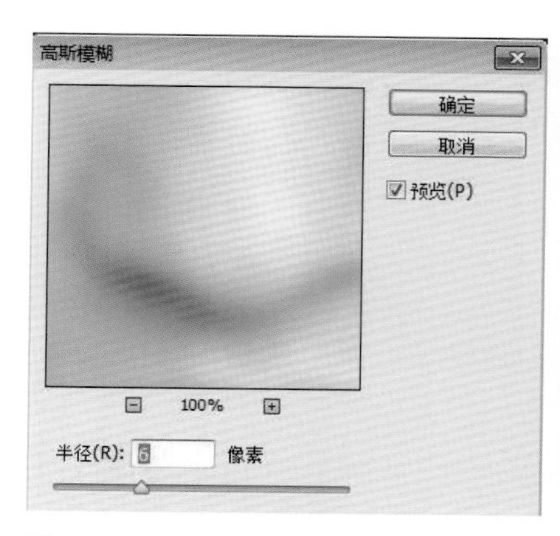

图 5-2-13

图 5-2-14

（5）设置拷贝图层 1 副本的【混合模式】为【柔光】，最终效果如图 5-2-15 所示。

图 5-2-15

5.2.3 动感模糊

动感模糊滤镜模拟用固定的曝光时间给运动的物体拍照的效果。沿指定方向（−360° ~+360° ）以指定强度（1~999）进行模糊。此滤镜的效果类似于以固定的曝光时间给一个移动的对象拍照。

打开一张素材图像，如图 5-2-16 所示，执行菜单命令“滤镜 > 模糊 > 动感模糊”，打开“动感模糊”对话框，如图 5-2-17 所示，效果如图 5-2-18 所示。

图 5-2-16

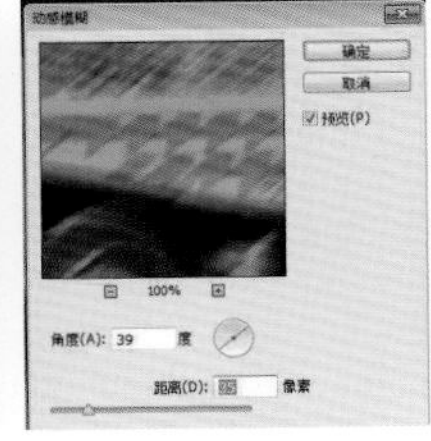

图 5-2-17

图 5-2-18

【角度】用来设置模糊的方向。

【距离】用来设置模糊的程度。

［小案例］利用动感模糊制作汽车的加速效果

（1）打开相应图片（图 5-2-19），Ctrl+J 复制出背景副本图层。

图 5-2-19

（2）在背景副本图层，使用菜单命令“滤镜 > 模糊 > 动感模糊”，打开“动感模糊”对话框，在其中设置【角度】为 10，【距离】为 45，对背景副本层应用动感模糊滤镜，如图 5-2-20

所示，效果如图 5–2–21 所示。如果感觉动感模糊效果没有达到预期，可以用 Ctrl+F 重复执行一遍动感模糊滤镜效果。

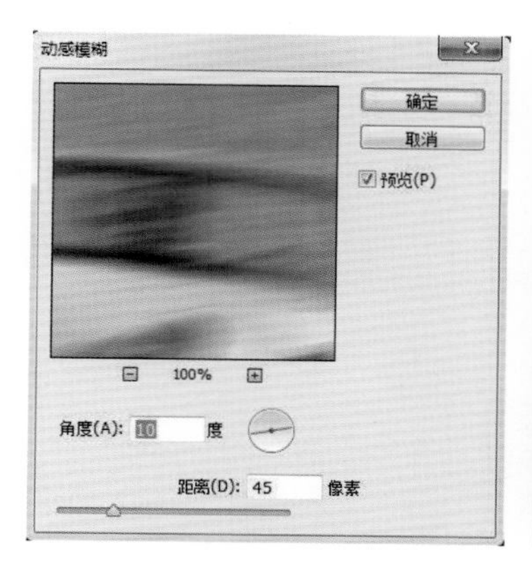

图 5-2-20

图 5-2-21

（3）点击图层调板下方的添加蒙板按钮，将前景色改为黑色，选择画笔，在蒙板上将汽车涂出，如图 5–2–22 和图 5–2–23 所示。

图 5-2-22

图 5-2-23

（4）激活背景图层，通过“椭圆选区工具”选中前车轮，如图 5-2-24 所示，执行 Ctrl+J 局部复制出图层 1，如图 5-2-25 所示。

图 5-2-24

图 5-2-25

（5）选择图层 1，使用菜单命令“滤镜 > 模糊 > 动感模糊”，打开“动感模糊”对话框，在其中设置【角度】为 90 度，【距离】为 19 像素，对轮胎图层 1 应用动感模糊滤镜，【不透明度】为 70%，如图 5-2-26 所示，最终效果如图 5-2-27 所示。

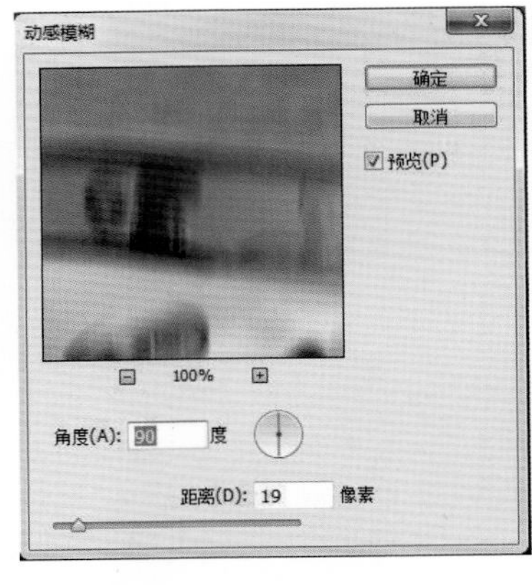

图 5-2-26

图 5-2-27

5.2.4 其他模糊

场景模糊：用一个或多个图钉对图像中不同的区域应用模糊效果。

光圈模糊：在图像上创建一个椭圆形的焦点范围，处于焦点范围内的图像保持清晰，而之外的图像会被模糊。

移轴模糊：模拟类似于移轴摄影技术拍摄的照片。

方框模糊：基于相邻像素的平均颜色值来模糊图像。半径越大，产生的模糊效果越好。

模糊和进一步模糊：在图像中有显著颜色变化的地方消除杂色。“模糊”滤镜通过平衡已定义的线条和遮蔽区域的清晰边缘旁边的像素，使变化显得柔和。“进一步模糊”滤镜的效果比“模糊”滤镜强三到四倍。

径向模糊：模拟缩放或旋转的相机所产生的一种柔化的模糊效果。通过拖动“中心模糊”框中的图案，指定模糊的原点。

镜头模糊：向图像中添加模糊以产生更窄的景深效果，以便使图像中的一些对象在焦点内，而使另一些区域变模糊。

平均：找出图像或选区的平均颜色，然后用该颜色填充图像或选区以创建平滑的外观。

特殊模糊：精确地模糊图像，可以指定半径、阈值和模糊品质。

形状模糊：从自定义形状预设列表中选取一种形状，并使用“半径”滑块来调整其大小。如图 5-2-28 所示。

图 5-2-28

5.3 锐化

锐化是通过增加相邻像素的对比度来聚焦模糊的图像，使其变得更加清晰，从而达到去模糊的效果。在 PS 中实现锐化也有两种方法，锐化工具与锐化滤镜。

“锐化工具”可以增强图像中相邻像素之间的对比，以提高图像的清晰度。使用该工具在某个区域上方绘制的次数越多，该区域就越清晰。锐化工具的选项栏参数如图 5-3-1 所示。

图 5-3-1

【模式】用来设置“锐化工具”的混合模式，包括正常、变暗、变亮、色相、饱和度以及明度。

【强度】用来设置“锐化工具”的锐化强度。

【保护细节】勾选该选项后，在进行锐化处理时，将对图像的细节进行保护。

锐化滤镜组包括 USM 锐化、进一步锐化、锐化、锐化边缘以及智能锐化 5 种滤镜，如图 5-3-2 所示。

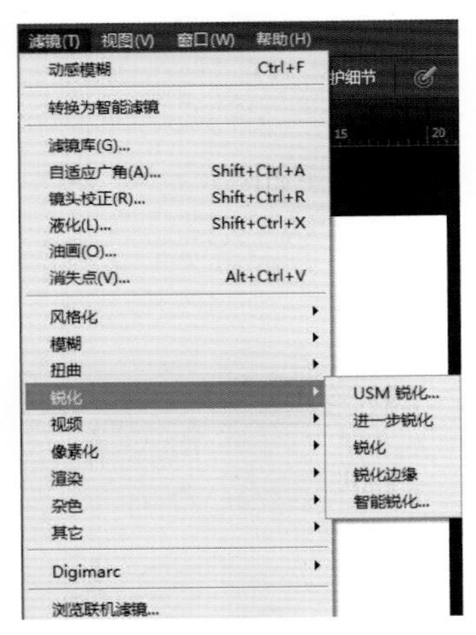

图 5-3-2

5.3.1 USM 锐化

USM 锐化滤镜可以调整边缘细节的对比度，并在边缘的每侧生成一条亮线和一条暗线。它将使边缘突出，造成图像更加清晰的感觉。

打开一张素材图像，执行菜单命令“滤镜 > 锐化 > USM 锐化”，打开“USM 锐化”对话框，如图 5-3-3 所示。

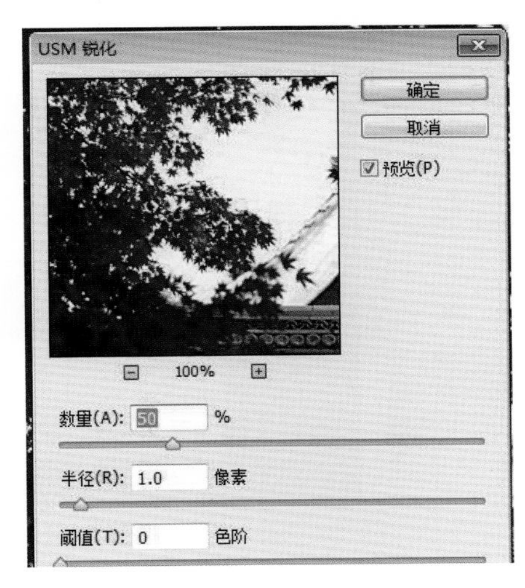

图 5-3-3

【数量】用来设置锐化效果的精细程度。

【半径】用来设置图像锐化的半径范围大小。

【阈值】只有相邻像素之间的差值达到所设置的“阈值”数值时才会被锐化。该值越高，被锐化的像素就越少。

[小案例] 利用 LAB 模式下明度通道锐化法处理照片

（1）打开素材图片（图 5-3-4）。转到通道面板，可以看到默认的是 RGB 照片的 RGB 三个通道，如图 5-3-5 所示。

图 5-3-4

图 5-3-5

（2）使用菜单命令“图像 > 模式 >Lab 颜色”，如图 5-3-6 所示。在通道面板中会发现，变成了明度通道、A 通道和 B 通道 3 个通道。A 通道和 B 通道都是保留彩色数据的，明度通道是黑白的也是我们进行锐化的地方，如图 5-3-7 所示。

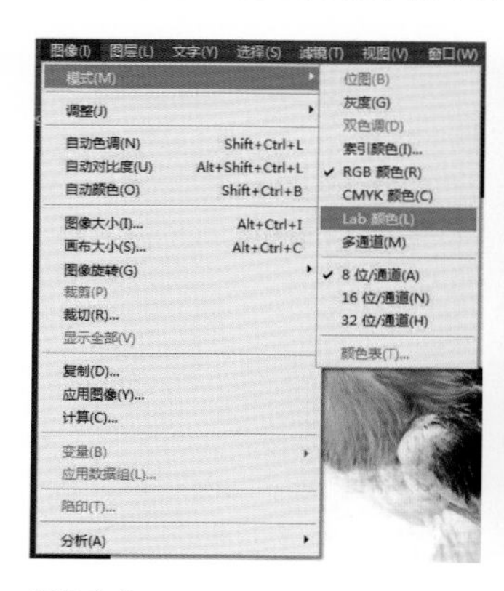

图 5-3-6

图 5-3-7

（3）在通道面板，单击明度通道，把细节从颜色信息里面分离出来，画面会变成黑白，这样做的目的是为了后面锐化操作时不锐化颜色，可以避免大多数锐化方法带来的色晕问题，如图 5-3-8 所示。

图 5-3-8

（4）对选中的明度通道使用菜单命令“滤镜 > 锐化 > USM 锐化”，【数量】设为 65%，【半径】设为 3 像素，【阈值】设为 2 级，如图 5-3-9 所示，效果如图 5-3-10 所示。

（5）使用菜单命令“图像＞模式＞RGB颜色”，如图5-3-11所示，效果如图5-3-12所示。

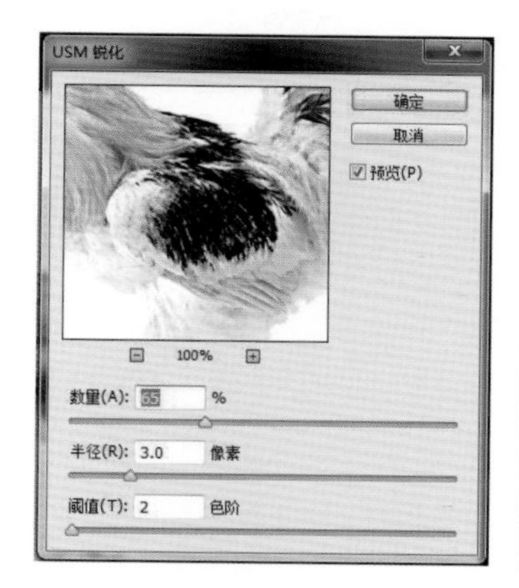

图5-3-9

图5-3-10

图5-3-11

图5-3-12

［小案例］利用高反差保留法处理照片

（1）打开素材图片（图5-3-13），复制背景图层，如图5-3-14所示。

图5-3-13

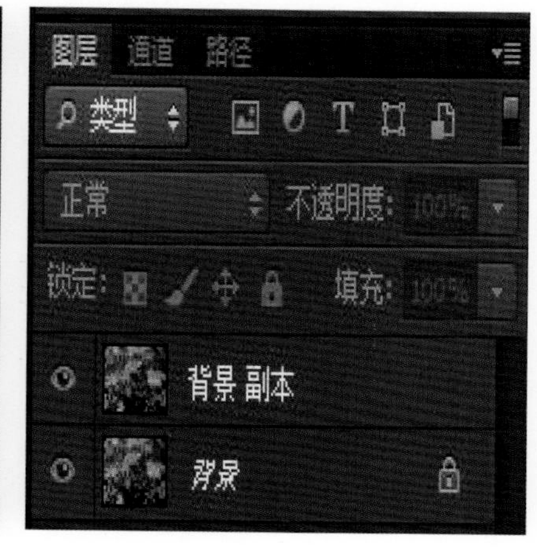

图5-3-14

（2）背景副本图层上，使用菜单命令“滤镜 > 其他 > 高反差保留”，如图 5-3-15 所示，效果如图 5-3-16 所示。

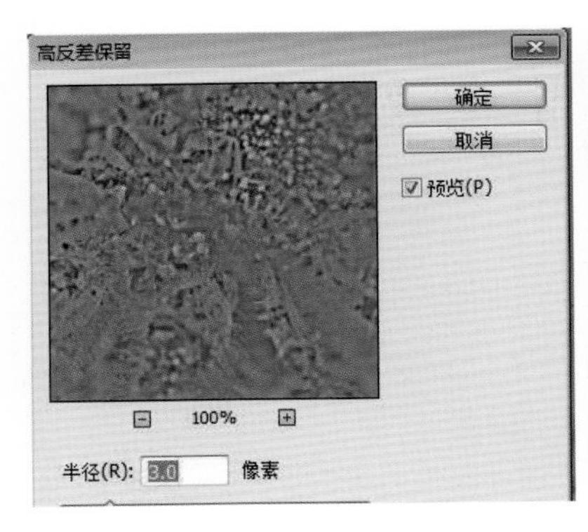

图 5-3-15

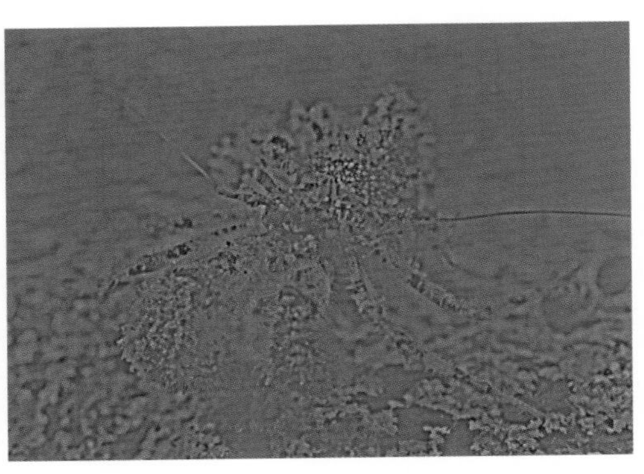

图 5-3-16

（3）“图像 > 调整 > 色相饱和度”，如图 5-3-17 所示，将饱和度调到最低，减少颜色干扰，效果如图 5-3-18 所示。

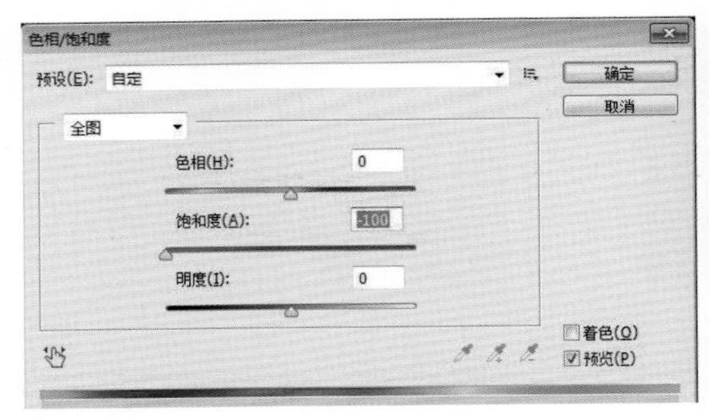

图 5-3-17

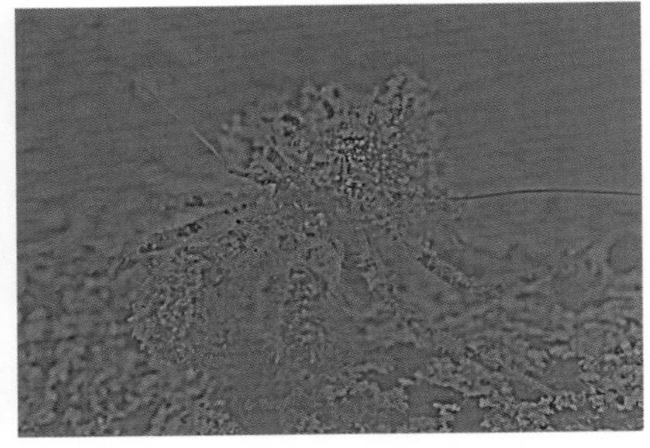

图 5-3-18

（4）然后在这张已经使用高反差保留的图层里，把它的图层混合模式设定为叠加，如图 5-3-19 所示，效果如图 5-3-20 所示。

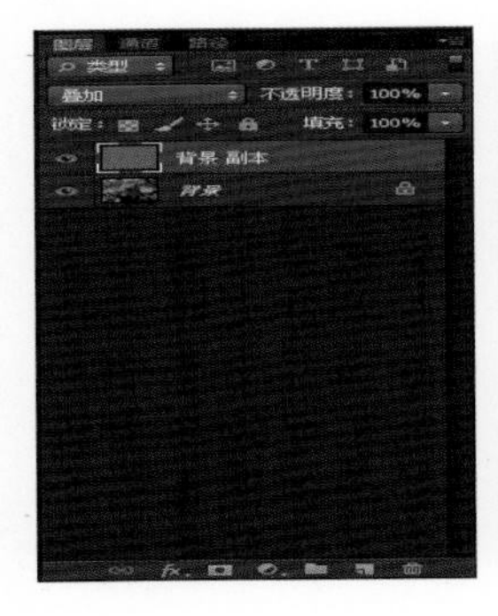

图 5-3-19

图 5-3-20

5.3.2 智能锐化

智能锐化滤镜可以通过设置锐化算法或控制阴影和高光中的锐化量来锐化图像。

执行菜单命令“滤镜 > 锐化 > 智能锐化”，打开“智能锐化”对话框，基本选项如图5-3-21所示，高级选项如图5-3-22所示。

图 5-3-21

图 5-3-22

基本选项参数定义如下。

【设置】单击“存储当前设置的拷贝”按钮，可以将当前设置的锐化参数存储为预设参数；单击“删除当前设置”按钮，可以删除当前选择的自定义锐化配置。

【数量】用来设置锐化效果的精细程度。数值越高，越能强化边缘之间的对比度。

【半径】用来设置受锐化影响的边缘像素的数量。数值越高，受影响的边缘就越宽，锐化效果也越明显。

【移去】选择锐化图像的算法。选择“高斯模糊”选项，可以使用“USM 锐化”滤镜的方法锐化图像；选择“镜头模糊”选项，可以查找图像中的边缘和细节，并对细节进行更加精细的锐化，以减少锐化的光晕；选择“动感模糊”选项，可以激活下面的“角度”选项，通过设置“角度”值可以减少由于相机或对象移动而产生的模糊效果。

高级选项参数定义如下。

【渐隐量】用于设置阴影或高光中的锐化程度。

【色调宽度】用于设置阴影或高光中色调的修改范围。

【半径】用于设置每个像素周围的区域的大小。

5.3.3　其他锐化

锐化：通过增加像素之间的对比度让图像变清晰（锐化效果差）。

进一步锐化：通过增加像素之间的对比度让图像变清晰（锐化效果不是很明显）。

锐化边缘：只锐化图像的边缘，同时会保留图像整体的平滑度。

5.4　扭曲

扭曲滤镜组中包含 13 种滤镜，它们可以对图形进行几何扭曲，创建 3D 或其他整形效果，但在运行时会占用大量内存。

5.4.1　置换

置换滤镜可以根据一张图像的亮度值使另一张图像的像素重新排列并产生位移，通常用来模拟三维贴图的效果。

［小案例］利用置换滤镜打造飘动的国旗

（1）分别打开国旗、褶皱素材图片，如图 5-4-1、图 5-4-2 所示。

图 5-4-1

图 5-4-2

（2）将褶皱素材移入国旗素材文档中，如图 5-4-3 所示。

（3）将文档存储为 01.psd，如图 5-4-4 所示。

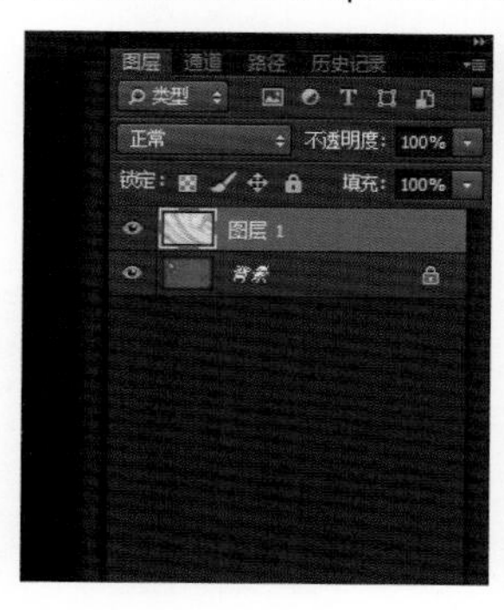

图 5-4-3

图 5-4-4

（4）隐藏图层1，点击背景执行“滤镜＞扭曲＞置换”，打开置换对话框，如图5-4-5所示，单击确定。

（5）在读取一个置换图对话框中选择之前存储的 01.psd，如图 5-4-6 所示。

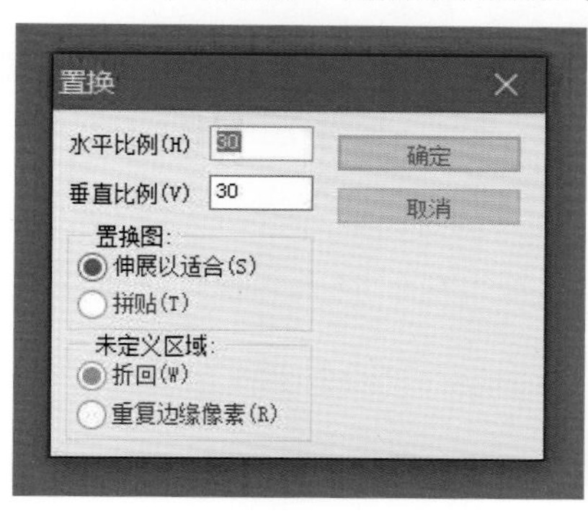

图 5-4-5

图 5-4-6

（6）国旗图像已经按照褶皱图像的明暗进行了扭曲，效果如图 5-4-7 所示。

（7）显示皱褶图层，将其混合模式改为线性加深，最终效果如图 5-4-8 所示。

图 5-4-7

图 5-4-8

5.4.2 其他扭曲

扩散亮光滤镜可以在图像中添加杂色，并在图像中心向外渐隐亮光，使其产生一种光芒漫射的效果，亮光的颜色由背景色决定。图 5-4-9 为原图，图 5-4-10 和图 5-4-11 分别为背景色是白色和红色调整后的效果。

图 5-4-9

图 5-4-10

图 5-4-11

【粒度】用来设置在图像中添加的颗粒的密度。

【发光亮】用来设置图像中生成辉光的强度。

【清楚数量】用来限制图像中受到滤镜影响的范围，该值越高，滤镜影响范围就越小。

旋转扭曲滤镜可以使图像产生旋转的风轮效果。图 5-4-12 为原图、图 5-4-13 为扭曲后的效果。

图 5-4-12

图 5-4-13

5.5 其他滤镜

“滤镜 > 渲染 > 镜头光晕”是用来模拟光照在摄像机镜头上所产生的折射，也经常用来表现玻璃、金属等的反射光。原图为图 5-5-1，效果如图 5-5-2 所示。

图 5-5-1

图 5-5-2

【光晕中心】在对话框的图像缩略图中单击拖拽可以定义光晕中心。

【亮度】用来控制光晕的强度，变化范围为 10%~300%。

【镜头类型】用来选择光晕类型。

5.6 外挂滤镜

外挂滤镜是利用第三方公司开发的滤镜，以插件的形式安装在 Photoshop 中。外挂滤镜可以使一些特效的呈现更加便捷，还可以实现一些 Photoshop 内置滤镜无法实现的神奇效果，因此得到广泛青睐。

5.6.1 外挂滤镜的安装

如果下载文件解压后里面是 .8bf 格式的文件，直接放入 PS 滤镜 (Plug-Ins) 目录中即可使用。滤镜目录通常如 \Program Files\Adobe\Photoshop 版本 \Plug-Ins。比如用的是 CS6 版，安装在 D：盘中，那么路径就是 D:\Program Files\Adobe\Adobe Photoshop CS6\Plug-Ins。安装完成后重启软件，即可在滤镜菜单里找到新的滤镜。

如果是 .exe 格式，就需要安装，通常在滤镜下载地址里有安装教程或说明。按照安装说明指定的目录和步骤安装，完成后重启即可。

5.6.2 常用外挂滤镜介绍

常用的外挂滤镜有 KPT、Eye Candy 4000、Xenofex、Ulead Particle.Plugin、NeatImage、Mask Pro 2.0。

（1）KPT

KPT（KaiPower Tools）滤镜是一组系列滤镜，它包括 KPT3、KPT5、KPT6 和 KPT7。在 KPT 系列滤镜中，每个版本的滤镜的功能和特点都各具特色。这里以 KPT7 为例讲解，操作界面如图 5-6-1 所示。

图 5-6-1

KPT Fluid（流动）滤镜可以在图像中产生液体或气体流动的变形效果，犹如刷子刷过物体表面时产生的痕迹。该滤镜带有视频功能，可以将图像的变化过程输出为视频文件，使原本静止的图片变成动态的电影。在 Parameters 调板中设置参数，在预览窗口中拖动鼠标即可对图像进行变形处理，Preset 按钮可以显示系统提供的变形样式。执行该滤镜前后的图像效果如图 5–6–2 所示。

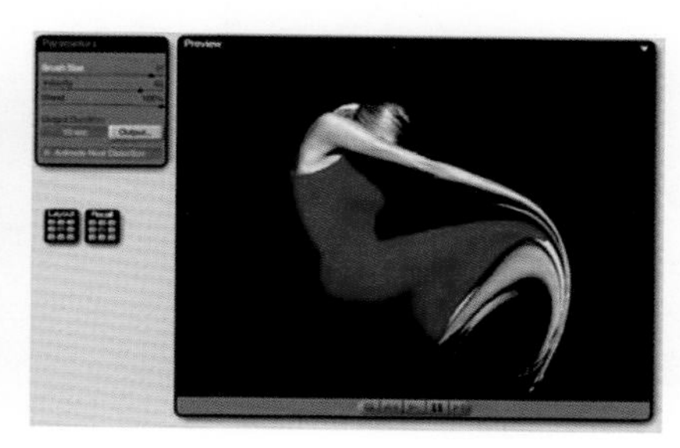

图 5-6-2

KPT Hypertiling（高级贴图）滤镜可以将图像中相同的元素重复排列，产生类似瓷砖的效果。图 5–6–3 所示为执行该滤镜前后的图像效果。

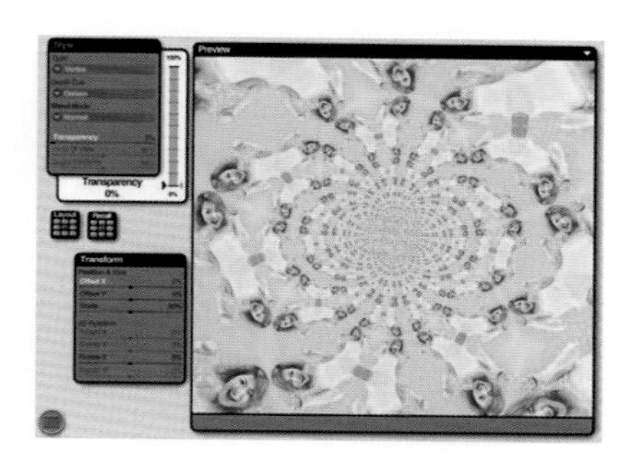

图 5-6-3

KPT InkDropper（墨水滴）滤镜可以创建一种类似在水中滴入墨水时缓缓散开的扩散效果。图 5–6–4 所示为执行该滤镜前后的图像效果。

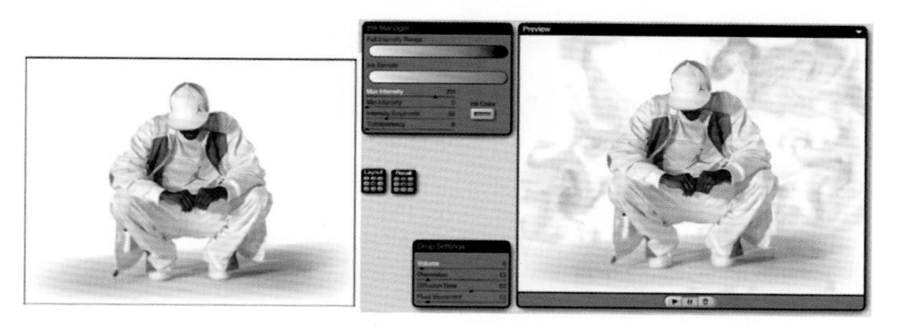

图 5-6-4

KPT Lightning（闪电）滤镜可以创建各种形态的闪电，还可以修改闪电分支的颜色、发热半径、扩散等属性。图 5–6–5 所示为执行该滤镜前后的图像效果。

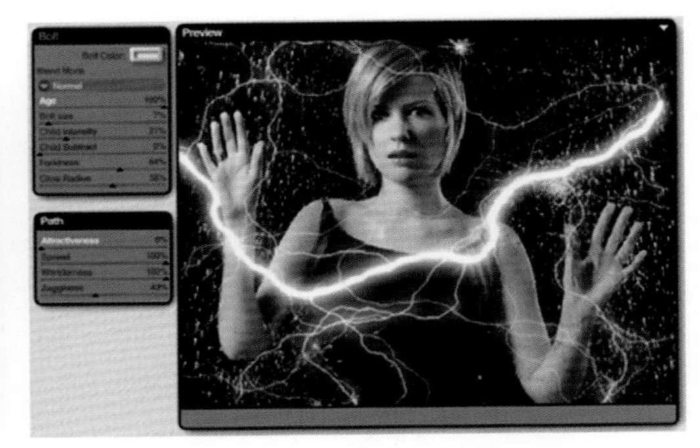

图 5-6-5

（2）Eye Candy 4000

Alien Skin 公司开发的 Eye Candy 4000 滤镜又名眼睛糖果，它也是一款被广泛使用的滤镜。可以制作水滴状、火焰、熔化、拖拽、漩涡、编织、木纹等效果，如图 5-6-6 所示。

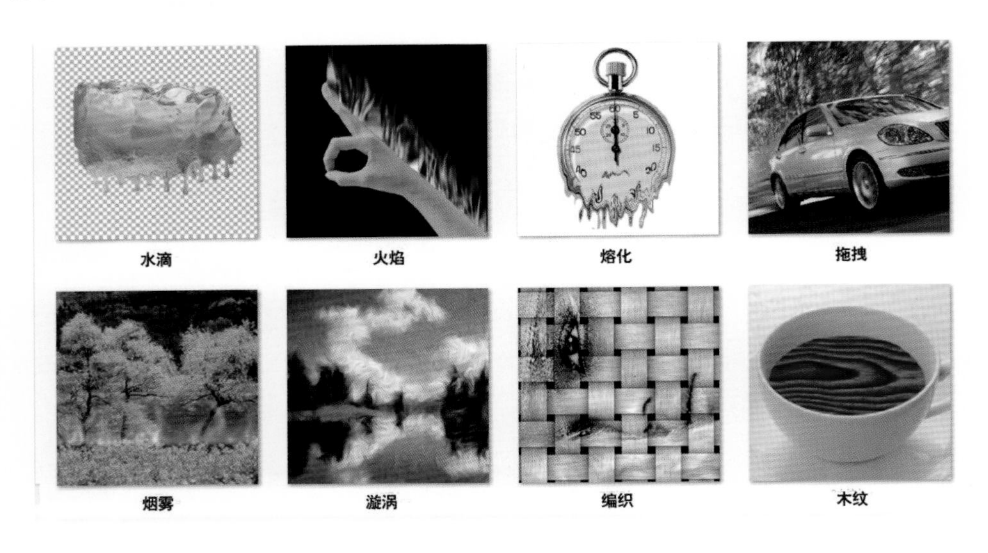

图 5-6-6

（3）Xenofex

Xenofex 是 Alien Skin 公司的另一款精品滤镜，在操作界面的左侧参数区设置参数，在右侧预览窗口预览图像效果。可以制作燃烧、褶皱、旗帜、粉碎、马赛克、闪电、星辰、絮云等图像效果，如图 5-6-7 所示。

图 5-6-7

（4）Ulead Particle.Plugin

Ulead（友丽公司）的 Ulead Particle.Plugin 是用于制作自然环境的强大插件。它能够模拟自然界中的雨、雪、火、云等特效。

（5）NeatImage

随着数码相机的普及，数码照片的后期处理越来越重要。可以减少照片的杂色和噪点，使人物皮肤洁白、细腻，同时保持头发、眉毛等细节，是一款功能强大的磨皮软件。

（6）Mask Pro 2.0

Mask Pro 2.0 是专门抠图的滤镜，它可以把复杂的人物头发、动物毛发等轻易地抠取出来。它与 NeatImage 插件是影楼后期照片处理的两个好帮手。

5.7　综合商业案例：桃花壁纸

［制作思路］通过对背景素材复制并不断添加滤镜，盖印新图层添加蒙板恢复主体桃花，并调节相应的混合模式，达到虚化背景，突出主体的艺术效果。加入日期与文字完成最终效果。

［技术看点］色相饱和度、盖印图层、模糊与锐化滤镜、图层蒙板、层混合模式、色彩平衡、

文字工具、图层样式等。

（1）打开桃花素材图片，如图 5–7–1 所示。

图 5-7-1

（2）单击图层面板下方的“创建新的填充或调整图层”按钮，在弹出的下拉菜单中选择“色相饱和度”命令，如图 5–7–2 所示，效果如图 5–7–3 所示。

图 5-7-2

图 5-7-3

（3）按“Ctrl+Alt+Shift+E”组合键盖印图层，新建图层 1，使用菜单命令“滤镜 > 模糊 > 高斯模糊”，对话框设置如图 5–7–4 所示。单击图层面板下方的“添加图层蒙板”按钮，使用“画笔工具”进行涂抹，显示出花朵，做出背景虚化的效果，如图 5–7–5 所示。

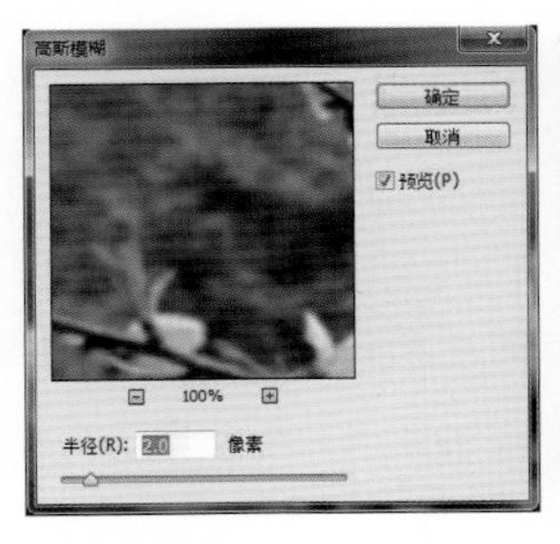

图 5-7-4

图 5-7-5

（4）按“Ctrl+Alt+Shift+E”组合键盖印图层，新建图层 2，选择菜单命令“滤镜 > 模糊 > 高斯模糊”，在弹出的对话框中将【半径】设置为 5 像素，如图 5-7-6 所示。更改此图层的混合模式为【柔光】，【不透明度】为 60%，如图 5-7-7 所示，效果如图 5-7-8 所示。

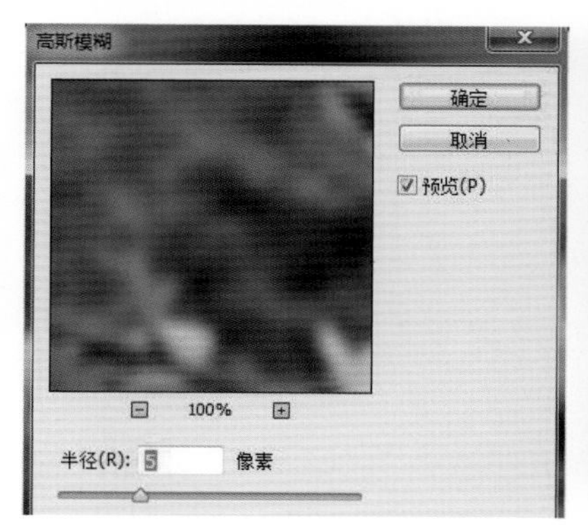

图 5-7-6

图 5-7-7

图 5-7-8

（5）按“Ctrl+Alt+Shift+E”组合键盖印图层，新建图层 3，选择菜单命令“滤镜 > 滤镜库 > 画笔描边 > 强化的边缘”，对话框设置如图 5-7-9 所示，效果如图 5-7-10 所示。更改此图层的混合模式为【柔光】，单击图层面板下方的“添加图层蒙板”按钮，使用“画笔工具”进行涂抹，显示出花朵，效果如图 5-7-11 所示。

图 5-7-9

图 5-7-10

图 5-7-11

（6）新建图层 4，前景色为白色，背景色为浅褐色（R：193，G：128，B：45）。选择“渐变工具”，渐变类型为【径向渐变】中的“前景色到背景色渐变”，在画面中拉出渐变颜色，如图 5–7–12 所示。更改此图层的混合模式为【正片叠底】，【不透明度】为 60%。单击图层面板下方的“添加图层蒙板”按钮，使用“画笔工具”进行涂抹，显示出花朵，效果如图 5–7–13 所示。

图 5-7-12

图 5-7-13

（7）按“Ctrl+Alt+Shift+E”组合键盖印图层，新建图层 5，选择菜单命令“滤镜 > 模糊 > 高斯模糊”，在弹出的对话框中将【半径】设置为 5 像素，如图 5–7–14 所示。更改此图层的混合模式为【柔光】，【不透明度】为 60%，如图 5–7–15 所示，效果如图 5–7–16 所示。

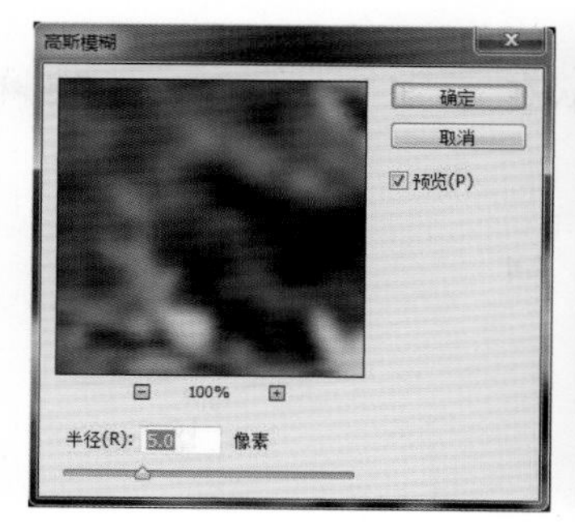

图 5-7-14

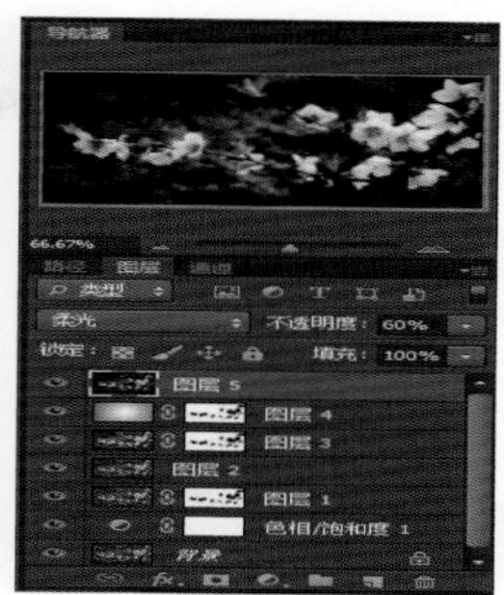

图 5-7-15

图 5-7-16

（8）新建图层 6，按“Ctrl+Alt+2”调出高光选区，如图 5-7-17 所示，填充白色，【不透明度】为 70%，使用“橡皮擦工具”将花朵部分擦掉，效果如图 5-7-18 所示。

图 5-7-17

图 5-7-18

（9）按“Ctrl+Alt+Shift+E”组合键盖印图层，新建图层 7，选择菜单命令“滤镜 > 锐化 > 锐化”，如图 5-7-19 所示，效果如图 5-7-20 所示。

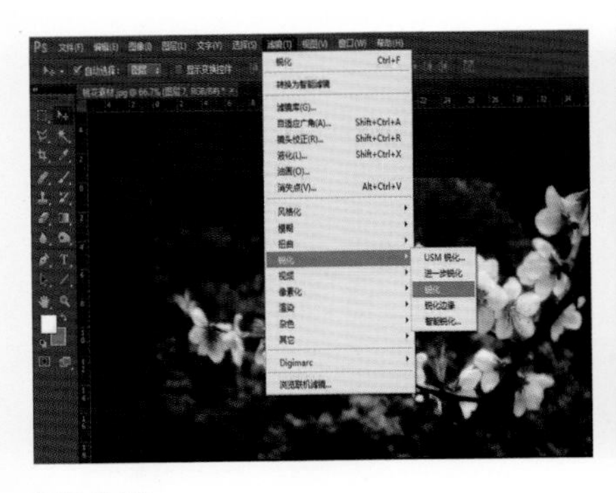

图 5-7-19

图 5-7-20

（10）按“Ctrl+Alt+Shift+E”组合键盖印图层，新建图层 8，按“Ctrl+Shift+U”组合键执行“去色”命令，按“Ctrl+B”组合键调出“色彩平衡”对话框稍微加深蓝色，如图 5-7-21 所示。选择菜单“滤镜 > 模糊 > 动感模糊”命令，对话框设置如图 5-7-22 所示。更改此图层的混合模式为【叠加】，【不透明度】为 60%，效果如图 5-7-23 所示。

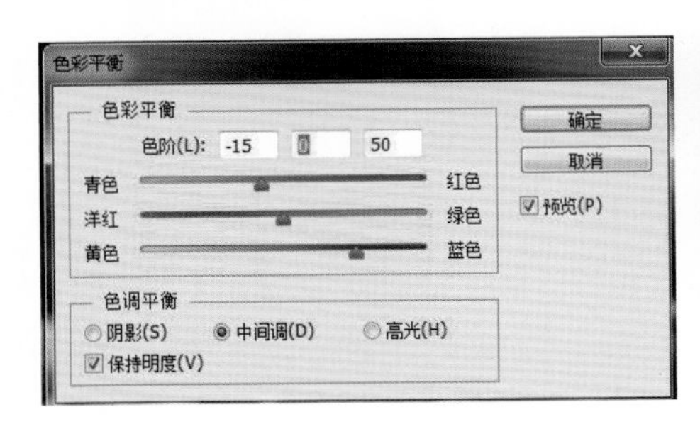

图 5-7-21

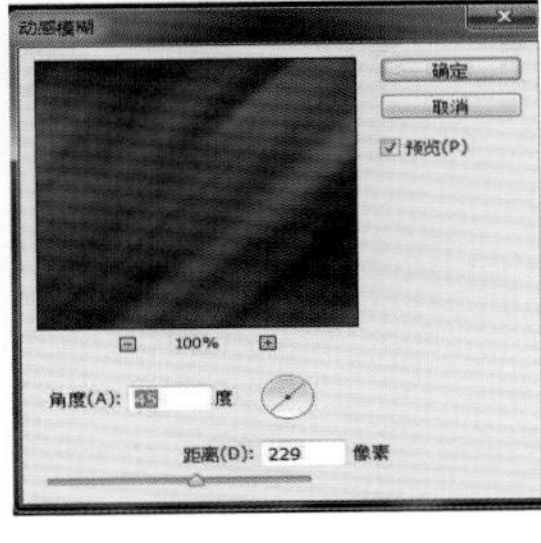

图 5-7-22

图 5-7-23

（11）按“Ctrl+Alt+Shift+E”组合键盖印图层，新建图层 9，选择菜单命令“滤镜 > 模糊 > 高斯模糊”，在弹出的对话框中将【半径】设置为 5 像素，如图 5-7-24 所示。更改此图层的混合模式为【滤色】，【不透明度】为 65%，效果如图 5-7-25 所示。

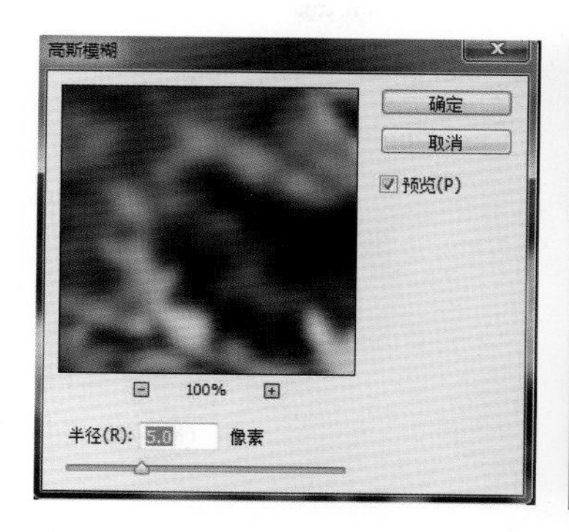

图 5-7-24

图 5-7-25

（12）打开日历素材图片，将日历素材图片移到图像中，并变换大小，如图 5-7-26 所示。更改此图层的混合模式为【正片叠底】，效果如图 5-7-27 所示。

图 5-7-26

图 5-7-27

（13）最后选择“文字工具”，在画面中输入文字，最终效果如图 5-7-28 所示。

图 5-7-28

5.8 综合商业案例：水彩画效果

［制作思路］复制多个背景图层，分别添加相应滤镜并调节图层混合模式。

［技术看点］滤镜 > 素描 > 水彩画纸、艺术效果 > 调色刀、风格化 > 查找边缘等。

（1）打开风景素材图片，如图 5-8-1 所示。

（2）将前景色设置为白色，使用画笔工具在图像适当位置涂抹白色，如图 5-8-2 所示。

图 5-8-1

图 5-8-2

（3）连续复制 3 个背景图层如图 5-8-3 所示，点击图层 1，隐藏图层 1 副本和图层 1 副本 2，如图 5-8-4 所示。

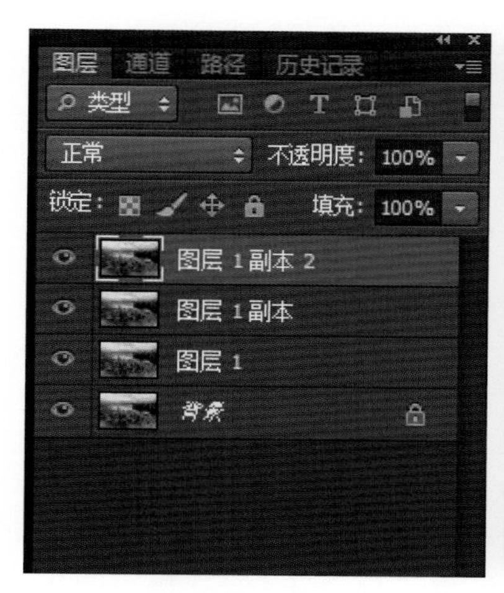

图 5-8-3

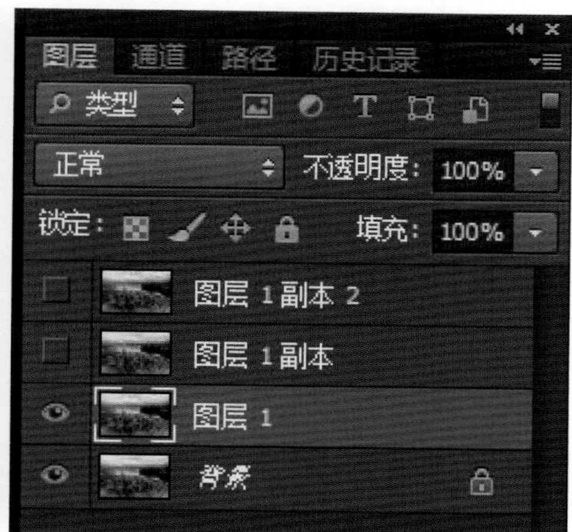

图 5-8-4

（4）执行“滤镜 > 素描 > 水彩画纸”命令，打开“滤镜库”设置参数，使画面呈现出晕染和画纸的纤维效果，如图 5–8–5、图 5–8–6 所示，这是水彩画的第一个表现要素。设置该图层的不透明度为 80%。

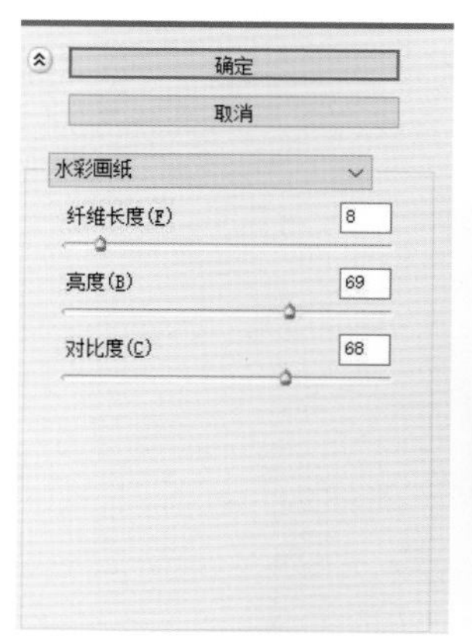

图 5-8-5

图 5-8-6

（5）选择并显示“图层1副本”，设置混合模式为【柔光】，如图 5–8–7 所示。执行“滤镜 > 艺术效果 > 调色刀”命令，设置参数如图 5–8–8 所示。通过“调色刀”滤镜可以创建大色块，由于该图层设置了【柔光】模式，添加的色块不会影响对象的结构，如图 5–8–9 所示。

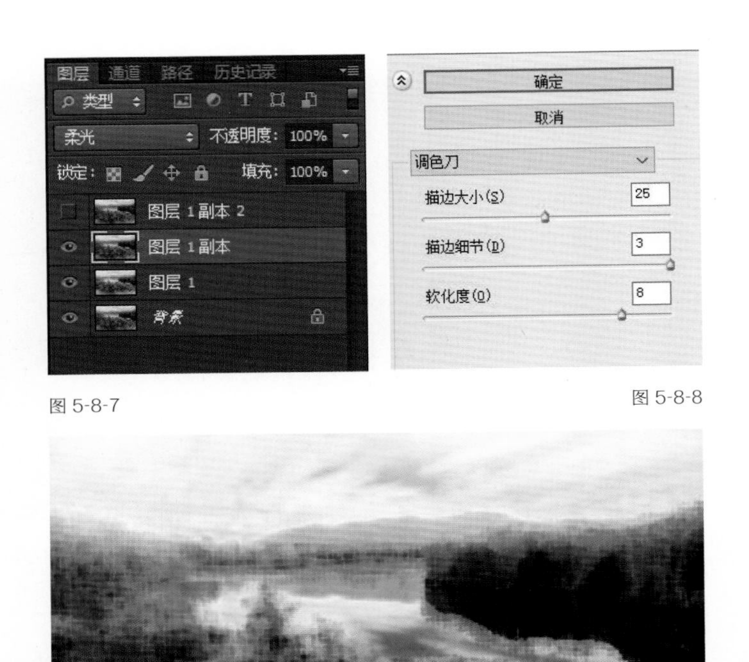

图 5-8-7

图 5-8-8

图 5-8-9

（6）选择并显示“图层 1 副本 2”，执行“滤镜 > 风格化 > 查找边缘”，提取图像的轮廓，如图 5–8–10 所示。

图 5-8-10

（7）设置该图层的混合模式为【正片叠底】，不透明度为 30%，将轮廓线叠加到水彩效果上，如图 5–8–11、图 5–8–12 所示。

图 5-8-11

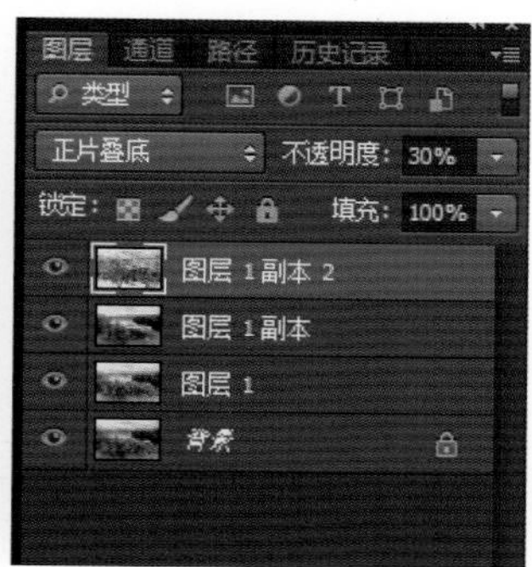

图 5-8-12

（8）给图层 1 副本 2 添加图层蒙板，选择“画笔工具”，前景色调为黑色，在工具信息栏中【画笔流量】设置为 10%，之后在图像上涂抹，将线条减弱，如图 5–8–13、图 5–8–14 所示。

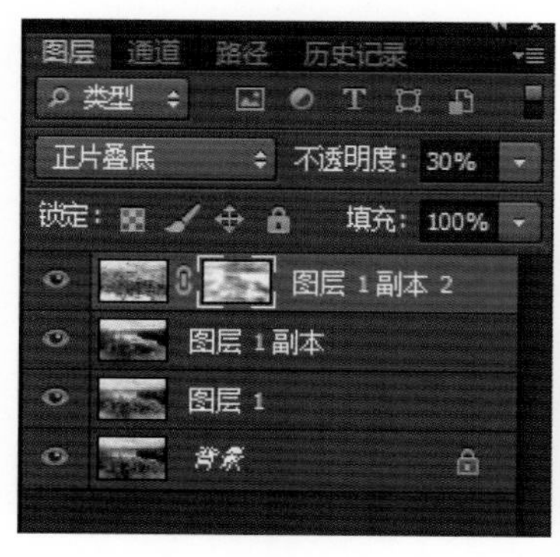

图 5-8-13

图 5-8-14

（9）最后添加一个“色阶”调整图层，增加画面的对比度，如图 5–8–15、图 5–8–16 所示。

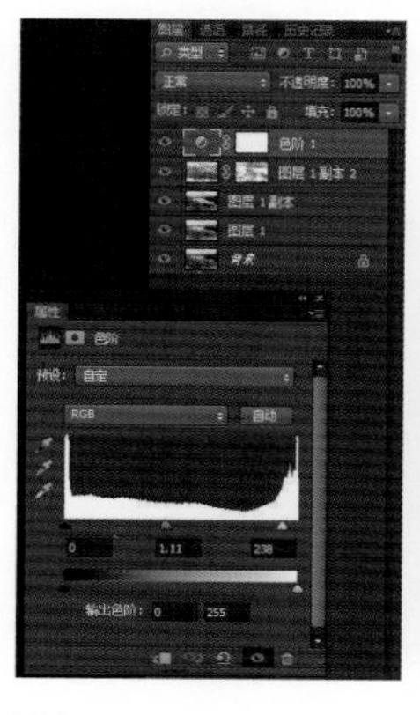

图 5-8-15

图 5-8-16

第 6 章

照片处理

〔本章知识点〕照片拼接与矫正、图像修复与变形、录制动作与批处理。

〔学习目标〕修复照片的问题，熟练掌握照片处理的基本方法。

数码照片处理不但是对 PS 软件命令的学习与最直接应用，也给我们日后工作与生活中处理照片提供了一些方法。本章从照片的拼接与矫正、图像的修复与变形以及照片的批量处理入手，并介绍一个产品修图和一个效果图后期修饰的综合案例，帮助读者掌握相应的图片处理方法。

6.1 照片拼接

在拍摄风光时常会遇到需要展现超级广角的时候，这时镜头的广角端就不够用。需要拍摄者站在原地把景物依次拍摄下来，之后再用拼接软件进行照片拼接来再现宏大的广角场面。拼接照片最方便的方法就是使用 photomerge 命令。

［小案例］利用照片拼接命令拼接图像

（1）分别打开三张照片拼接素材图像，如图 6–1–1、图 6–1–2、图 6–1–3 所示。

图 6-1-1

图 6-1-2

图 6-1-3

（2）使用菜单命令“文件 > 自动 >photomerge”，如图 6-1-4 所示。

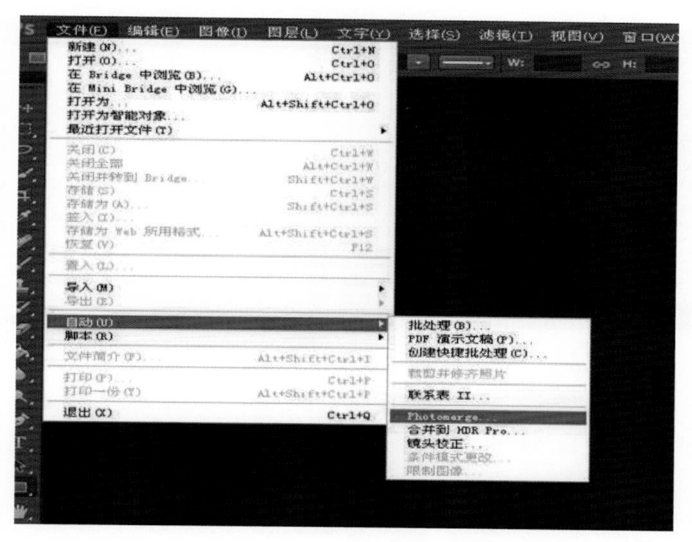

图 6-1-4

（3）点击【浏览】，找到自己所要导入图片的文件夹，选择要拼接的所有图片，点击【确定】，如图 6-1-5、图 6-1-6 所示。

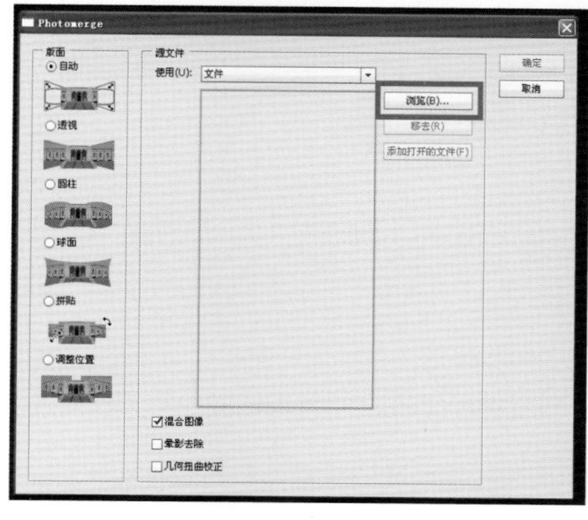

图 6-1-5

图 6-1-6

（4）选择自己所需要的功能，点击【确定】，如图 6–1–7 所示。

（5）拼接效果如图 6–1–8 所示。

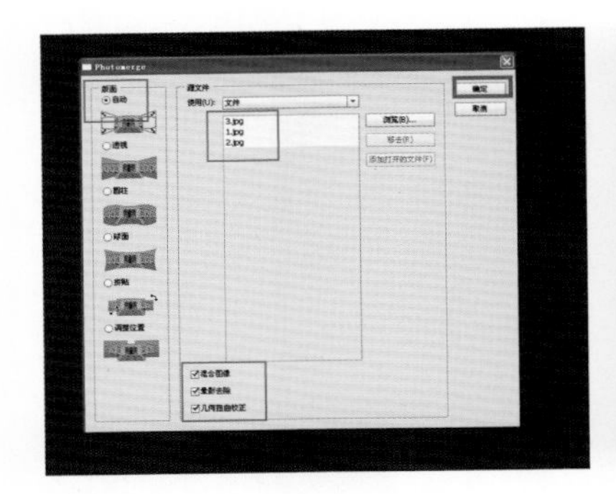

图 6-1-7

图 6-1-8

（6）使用“裁剪工具”对图像进行裁剪，如图 6–1–9、图 6–1–10 所示。

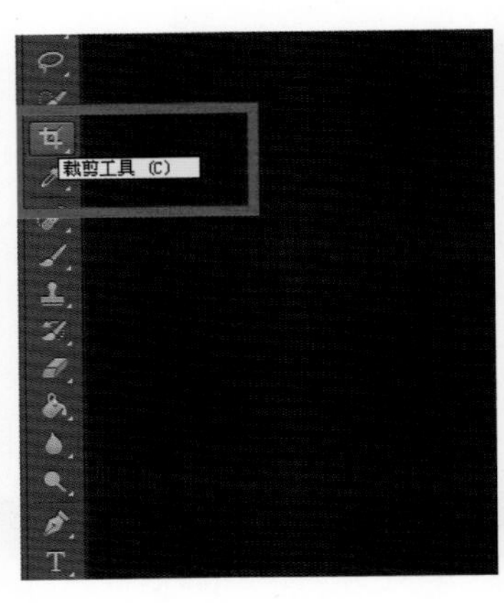

图 6-1-9

图 6-1-10

6.2 镜头校正滤镜

“镜头校正滤镜”可以轻易消除扭曲变形、倾斜透视变形、照片周边暗角以及边缘出现彩色光晕的色相差等问题。当然，Photoshop 中用来校正画面边缘暗角的方式不止一种，我们还可以使用曲线或色阶等命令配合蒙板进行校正。相对而言，镜头校正滤镜更为直观便捷。

［小案例］利用镜头校正命令修正图像

（1）打开镜头校正素材图像，可以看到图片上有暗角，有扭曲，还有透视问题，如图 6-2-1 所示。

（2）使用菜单命令“滤镜 > 镜头校正”，进入【自定】选项卡，调整【变换】选项下的【垂直透视】值为 -44，可以看到画面已经被校正，如图 6-2-2 所示。

图 6-2-1

图 6-2-2

（3）使用左侧“拉直工具”，沿画面的作品边缘拉一条直线，以此直线作为水平线进行倾斜的校正，如图 6-2-3 所示。

（4）调整【移去扭曲】选项下的数值，正值是表示凹下去，而负值是表示凸出来，校正画面的扭曲，如图 6-2-4 所示。

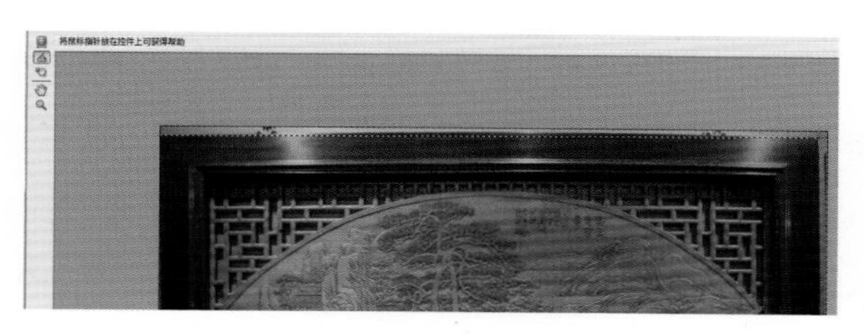

图 6-2-3

图 6-2-4

（5）把【晕影】值调整为 100，以消除图像周围的晕影效果，可以看到图像周围部分变得明亮了。如果是负值，将会出现更严重的晕影，如图 6-2-5 所示。

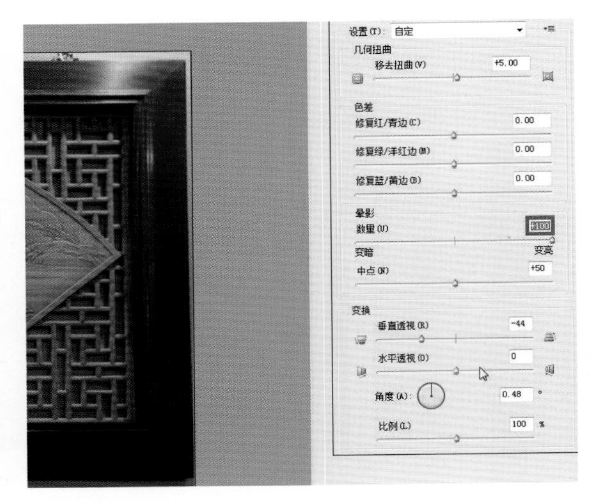

图 6-2-5

6.3 修复画笔、仿制图章

“修复画笔工具”与“仿制图章工具”，均可以对图像进行修复，原理就是将取样点处的图像复制到目标位置。二者在具体使用上也有一些不同，“仿制图章工具”是无损仿制，取样的图像是什么样仿制到目标位置时还是什么样，而“修复画笔工具”有一个运算的过程，在涂抹过程中它会将取样处的图像与目标位置的背景相融合，自动适应周围环境。这两个工具使用时都要细心、耐心。在操作过程中首先是要选好取样点，在涂抹过程中要边观察边涂抹。其次是在涂抹过程中注意纹理走向、明暗过渡等，根据不同需求选取相适应的取样点。

在修复某个图像时究竟用哪个工具好，要看具体情况而定。总之，“修复画笔工具”涂抹后会融到背景中，而“仿制图章工具”涂抹后效果比较清晰，不会和背景融合。二者的操作步骤基本相同：按 Alt 取样、对位、绘制、松开鼠标。在修复之前最好先建一个新层，选中【所有图层】选项，在新层上对图像进行修复，这样可以保护图像，便于以后的编辑和修改。

6.3.1 修复画笔工具

“修复画笔工具”内含四个工具，如图 6-3-1 所示，它们分别是污点修复画笔工具、修

复画笔工具、修补工具、红眼工具，这个工具的快捷键是 J。

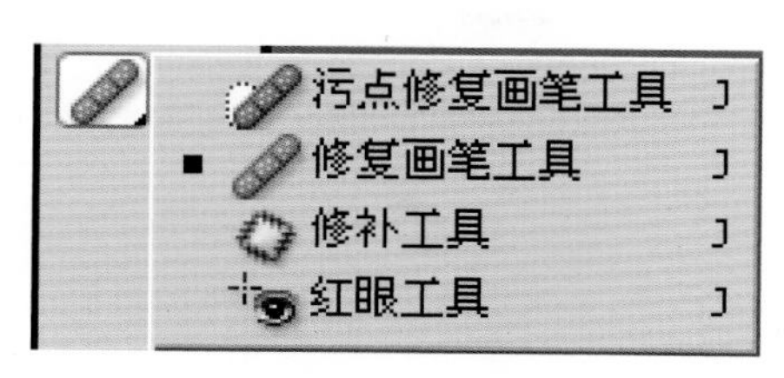

图 6-3-1

“污点修复画笔工具”可以快速移去照片中的污点和其他不理想部分。它使用图像或图案中的样本像素进行绘画，并将样本像素的纹理、光照、透明度和阴影与所修复的像素相匹配。与“修复画笔”不同，污点修复画笔不需要指定样本点，而是自动从所修饰区域的周围取样。

“修复画笔工具”需要按住 Alt 键指定样本点，将样本点的图像复制到所要修改的部位，并将样本像素的纹理、光照、透明度和阴影与所修复的像素相匹配。修复画笔工具的选项栏如图 6–3–2 所示。

图 6-3-2

【源】“取样”可以使用当前图像的像素，而“图案”可以使用某个图案的像素。 如果选取了“图案”，请从“图案”弹出式调板中选择一个图案。

【对齐】选择对齐会对像素连续取样，而不会丢失当前的取样点，松开鼠标按键时也是如此。否则，会在每次停止并重新开始绘画时使用初始取样点中的样本像素。

【对所有图层取样】选择此项可从所有可见图层中对数据进行取样，否则只从现用图层中取样。

“修补工具”可以用其他区域或图案中的像素来修复选中的区域。像修复画笔工具一样，修补工具会将样本像素的纹理、光照和阴影与源像素进行匹配。

“红眼工具”可移去用闪光灯拍摄的人物照片中的红眼，也可以移去用闪光灯拍摄的动物照片中的白、绿色反光。使用工具在红色上点击即可。

［小案例］利用修复画笔工具修复图像

（1）打开修复素材图像，如图 6–3–3 所示。

（2）为保护源素材，新建图层，在选项栏中选择【当前和下方层】，如图 6–3–4 所示。

（3）工具栏选择“修复画笔工具”，按住 Alt 在好的皮肤位置取样，松开 Alt 在需要修复的地方涂抹，【 】键来控制画笔大小，如图 6-3-5 所示。

（4）松开鼠标，修复的位置和周围进行自动融合，如图 6-3-6 所示。

图 6-3-3

图 6-3-4

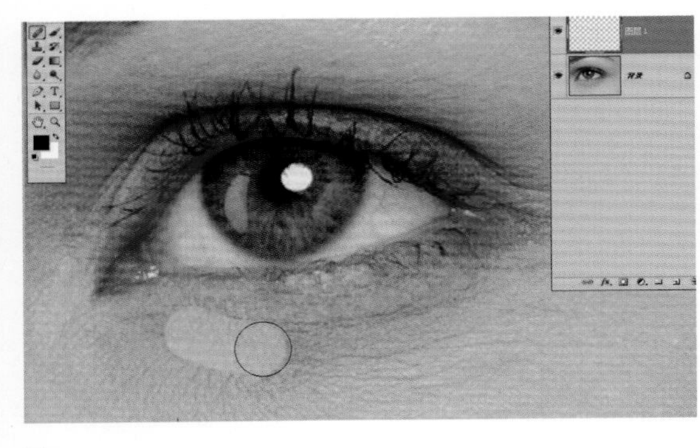

图 6-3-5

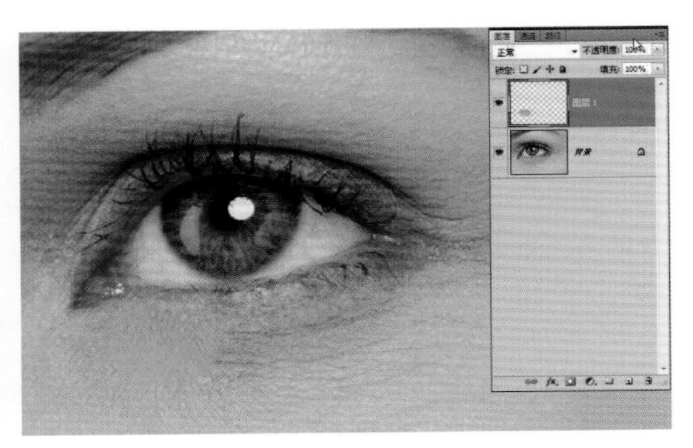

图 6-3-6

6.3.2　仿制图章工具

“仿制图章工具”的用法基本上是与修复画笔是一样的，效果也相似。不同的是“仿制图章工具”完全复制对象，对象和目标区域不融合。当我们需要完全复制的时候，就要使用“仿制图章工具”，两者不能完全互相替代。

6.4 内容识别填充

“内容识别填充”指的是在创建选区进行填充时，利用选区周围的图片信息形成综合性的填充区域，对图片已选中的区域进行移除或替换不想要的物体。内容识别填充使用附近的相似图像内容来进行随机填充，对于相似图案类背景具有极好的识别能力，非常适用于去掉图片中的水印和杂物等。

［小案例］利用内容识别填充去除杂物

（1）打开素材图像，如图 6–4–1 所示。

（2）点击“快速蒙板按钮”或快捷键 Q，选择“画笔工具”，用黑色硬质画笔在需要清除处涂抹，因为有蒙板，所以出现的是红色区域，如图 6–4–2 所示。

图 6-4-1

图 6-4-2

（3）再按 Q 键取消快速蒙板，反选得到选区，如图 6–4–3 所示。

（4）使用菜单命令“编辑 > 填充—内容识别”，如图 6–4–4 所示。

图 6-4-3

图 6-4-4

（5）填充后发现并不充分，再用“椭圆选区工具”制作一个选区，继续使用“内容识别填充”，如图 6-4-5 所示。

（6）继续使用“内容识别填充”，将垃圾桶去掉，如图 6-4-6 所示。

（7）最终效果如图 6-4-7 所示。

图 6-4-5

图 6-4-6

图 6-4-

6.5　消失点滤镜

“消失点滤镜”可用于构建一种平面的空间模型，让平面变换更加精确，其主要应用于消除具有透视关系的多余图像、空间平面变换、复杂几何贴图等场合。 通常用于具有透视关系的修图，以及平面中的三维模拟贴图。

［小案例］利用消失点命令修复有透视关系的图像

（1）打开消失点素材图像，如图 6-5-1 所示。

（2）使用菜单命令“滤镜 > 消失点”或快捷键 Ctrl+Alt+V，如图 6-5-2 所示。

图 6-5-1

图 6-5-2

（3）使用“消失点”命令中左侧的“第二个工具”，依据画面的透视关系点击四个点创建透视网格，并通过“第一个工具”进行调整，透视网格一定要覆盖取样区域和被修复区域，如图 6-5-3 所示。

（4）使用“消失点”命令中左侧的第四个“图章工具”在透视网格内部按住 Alt 进行取样，如图 6-5-4 所示。

图 6-5-3

图 6-5-4

（5）移动鼠标，发现取样图像会随着透视关系而变大变小，在要修补的地方对准地板缝进行绘制，就可以非常方便地修复有透视关系的图像了，如图 6-5-5 所示。

图 6-5-5

6.6 液化滤镜

“液化滤镜”可以通过移动像素对图像进行收缩、推拉、扭曲、旋转等变形处理。在“液化滤镜”的工具栏中包含了很多工具，其中包括向前变形工具（推拉）、重建工具（恢复）、顺时针旋转扭曲工具（旋转，按住 Alt 反方向）、褶皱与膨胀工具（收缩与放大）、左推工具（在鼠标移动方向的左侧推拉）、冻结蒙板与解冻蒙板工具（锁定像素不受变形影响）等。主要应用于对人像的瘦脸或瘦身以及其他变形操作。

［小案例］利用液化命令变形

（1）打开液化素材图像，如图 6-6-1 所示。

（2）使用菜单命令“滤镜 > 液化”或快捷键 Ctrl+Shift+X，如图 6-6-2 所示。

图 6-6-1

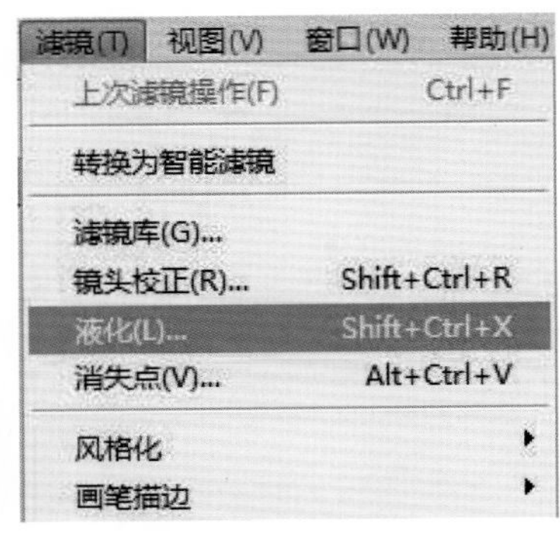

图 6-6-2

（3）使用液化命令左侧的“向前变形工具”或者“收缩工具”，将笔刷调到适当大小，可以做出变形效果，如图 6-6-3 所示。

（4）如果哪里不想被变形而又离要变形的地方比较近，那么可以使用冻结蒙板将其锁定，如图 6-6-4 所示。

图 6-6-3

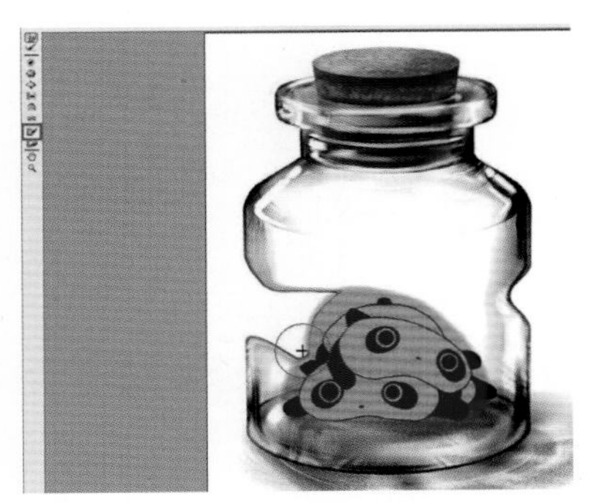

图 6-6-4

6.7 操控变形

“操控变形命令”可以在图像中设定关节点，让图像随之进行变形，对于诸如人像的姿势或者动作的调节，其效果比“液化命令”更加完美。它经常用于素材的修改，使其更加符合我们想要的状态。

［小案例］利用操控变形命令改变卡通图像的姿势

（1）打开操控变形素材图像，如图 6-7-1 所示。

（2）使用操控变形的图像。因为要改变动势，所以最好是不带背景的图像，我们双击背景层将其转换为普通层，用“魔棒工具”（选项勾选连续）删除背景，如图 6-7-2 所示。

图 6-7-1

图 6-7-2

（3）对于本层，使用菜单命令“编辑 > 操控变形”，如图 6-7-3 所示。

（4）使用鼠标单击，在图像的关节等关键部位打点，如图 6-7-4 所示。

（5）移动点即可改变图像的位置从而改变其动势，如图 6-7-5 所示。

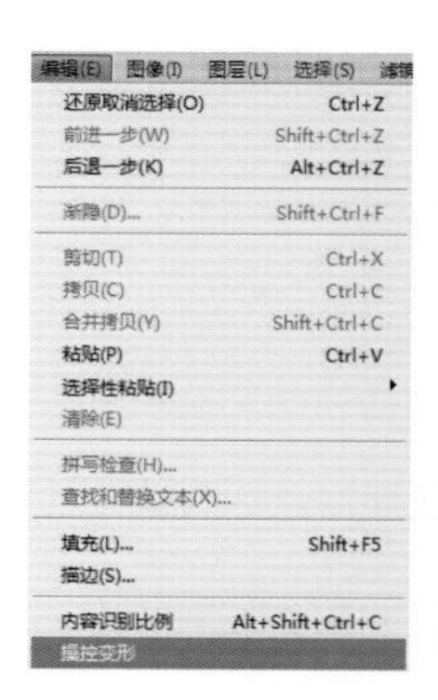

图 6-7-3

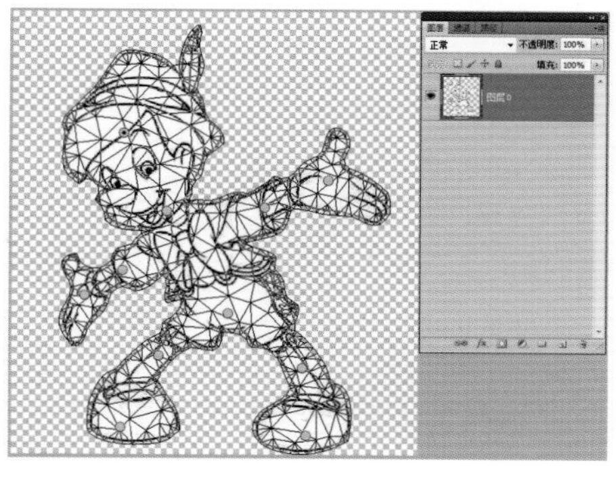

图 6-7-4

图 6-7-5

（6）按住 Alt 键在点上可以减点，在其外边可以旋转，如图 6-7-6 所示。

图 6-7-6

（7）调节选项栏中的【图钉深度】选项，可以控制点的前后，如图 6-7-7 所示。

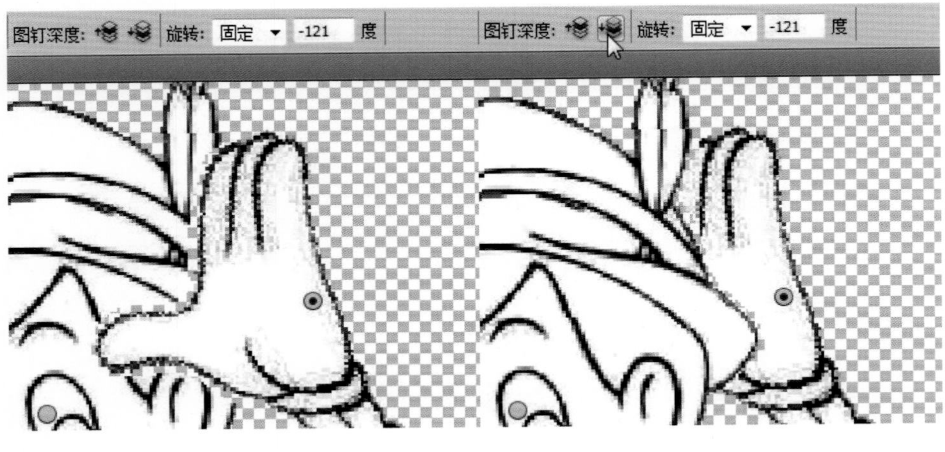

图 6-7-7

6.8 动作与批处理

“动作”可以将我们的操作过程记录下来，应用于其他的文档，如果要应用的文档较多，还可以使用批处理命令，让很多张图片批量执行所录制的动作。动作与批处理命令的结合特别适用于大批量图片的相同处理，可以提高工作效率，减轻工作负担。

［小案例］利用动作与批处理批量存储 JPEG 格式图片

（1）打开动作批处理小包装桶装 1.psd 素材图像，并在窗口菜单下打开动作调板，或快捷键 Alt+F9，如图 6-8-1 所示。

图 6-8-1

（2）PS 提供了一些默认动作，比如淡出效果。点击调板下方的新建按钮新建一个动作，并给动作命名：存储为 jpeg，如图 6-8-2 所示。

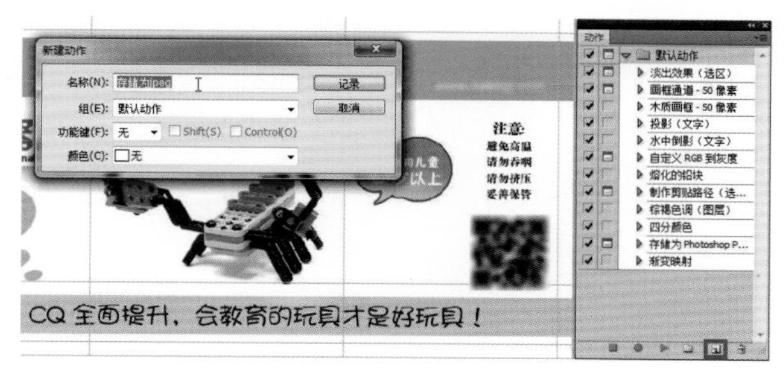

图 6-8-2

（3）点击“记录”，我们发现调板下方的圆圈变红了，说明录制开始，接下来的每一步操作都会录制下来，如图 6-8-3 所示。

图 6-8-3

（4）使用菜单命令“文件 > 存储为”或 Ctrl+Shift+S，如图 6-8-4 所示。

图 6-8-4

（5）存储完成后，我们看到上一步操作已经记录在调板里，如图 6-8-5 所示。

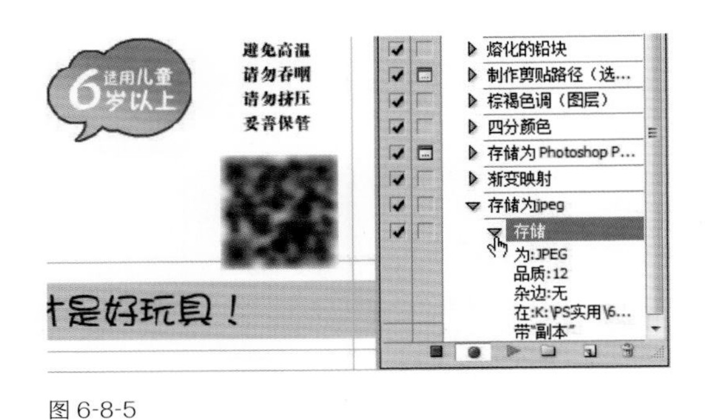

图 6-8-5

（6）接着关闭文档，完成“存储为”的操作，同样关闭命令也被记录在动作调板下，如图 6-8-6 所示。

（7）操作都完成以后，一定要点击停止记录，如图 6-8-7 所示。

图 6-8-6

图 6-8-7

（8）使用菜单命令“文件 > 自动—批处理”，如图 6-8-8 所示。

（9）在批处理调板中【播放】选项选择刚刚录制好的动作，【源】选项选择要进行批量处理的文件的文件夹及其位置，【目标】同上，注意勾选覆盖动作中的“存储为”，【错误】选项选择将错误记录到文件，并把文件也存在这个文件夹中，点击确定开始批量执行，如图 6-8-9 所示。

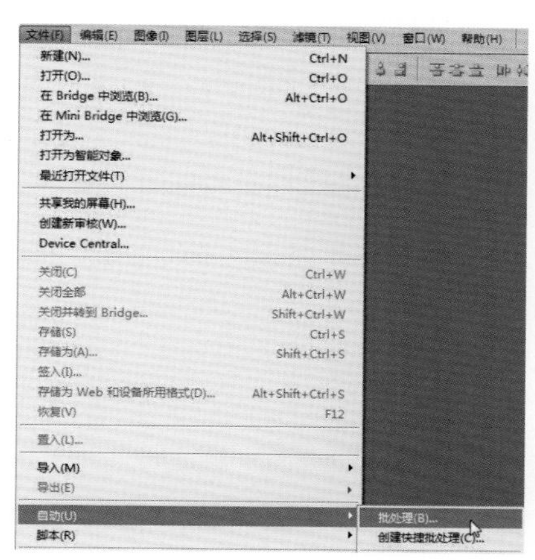

图 6-8-8

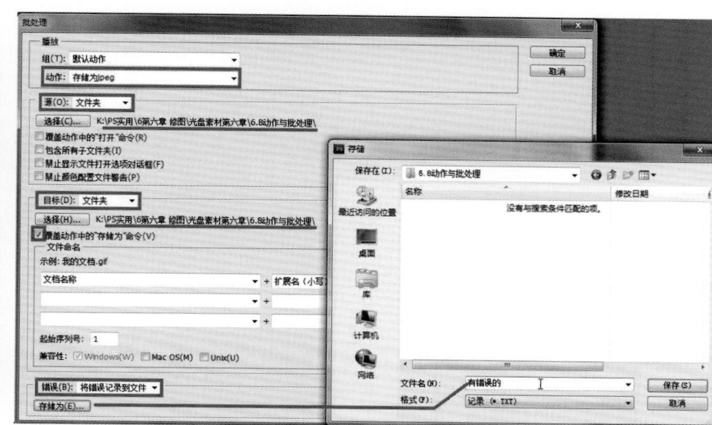

图 6-8-9

（10）打开指定的文件夹，会看到其余四个文件都已经执行了“存储为”的命令，错误文件记录显示开始到结束没有错误，如图 6-8-10 所示。

图 6-8-10

6.9 综合商业案例：产品修图

［制作思路］对矿泉水瓶不同材质进行抠图，描边与模糊制作瓶子轮廓，填色与图层蒙板制作高光，渐变层制作整体明暗，放入渐变背景并加入水花素材完成最终效果。

［技术看点］钢笔工具、选区描边、模糊滤镜、图层蒙板、渐变工具、层混合模式等。

（1）打开矿泉水素材图片，使用“钢笔工具”选择【路径】选项进行抠图，如图6–9–1所示。

（2）绘制完路径后，切换到路径调板，将路径拖入新建路径按钮进行存储，如图6–9–2所示。

图 6-9-1

图 6-9-2

（3）由于材质不同，我们要再绘制瓶盖与瓶标的路径，同样也存储起来以备后用，如图6–9–3所示。

（4）路径都绘制完成后，我们按住Ctrl键点击瓶身的路径载入其选区，如图6–9–4所示。

图 6-9-3

图 6-9-4

（5）新建图层，使用菜单命令“编辑 > 描边”对选区向内进行 5 像素的蓝色描边，如图 6-9-5 所示。

（6）将描边层右键转化为智能对象，使用模糊命令对其进行模糊处理，如图 6-9-6 所示。

图 6-9-5

图 6-9-6

（7）使用菜单命令“选择 > 修改—收缩”，把原有选区缩小一圈，如图 6-9-7 所示。

（8）新建图层，再次使用菜单命令“编辑 > 描边”对选区向内进行 5 像素的蓝色描边，如图 6-9-8 所示。

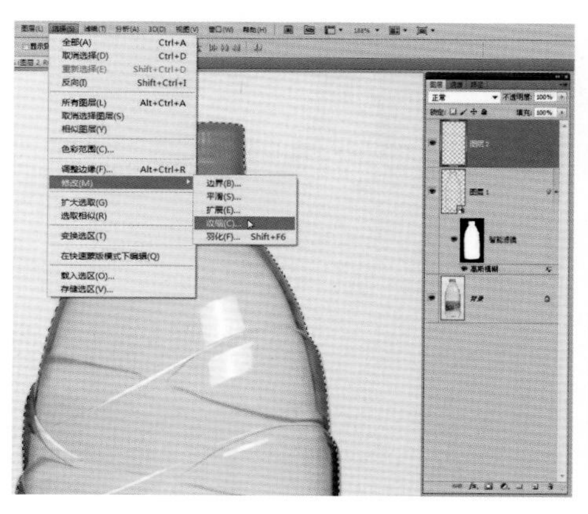

图 6-9-7

图 6-9-8

（9）将描边层右键转化为智能对象，再次使用模糊命令对其进行模糊，如图 6-9-9 所示。

（10）使用“钢笔工具”绘制高光区域，如图 6-9-10 所示。

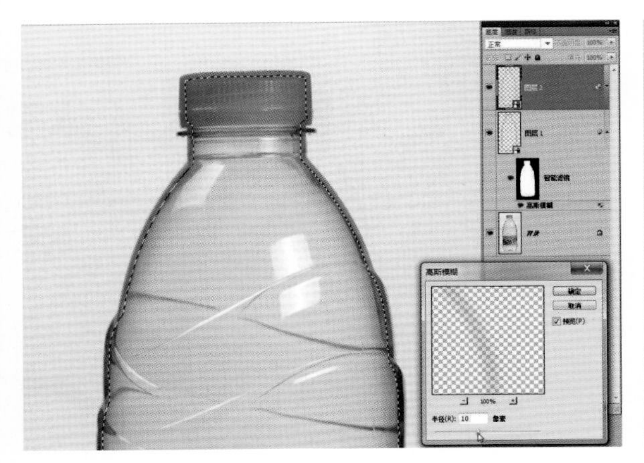

图 6-9-9

图 6-9-10

（11）新建图层，将高光区域路径转化为选区，填充白色，如图 6-9-11 所示。

（12）给高光层添加图层蒙板，并用黑白画笔进行修饰，让高光更自然，如图 6-9-12 所示。

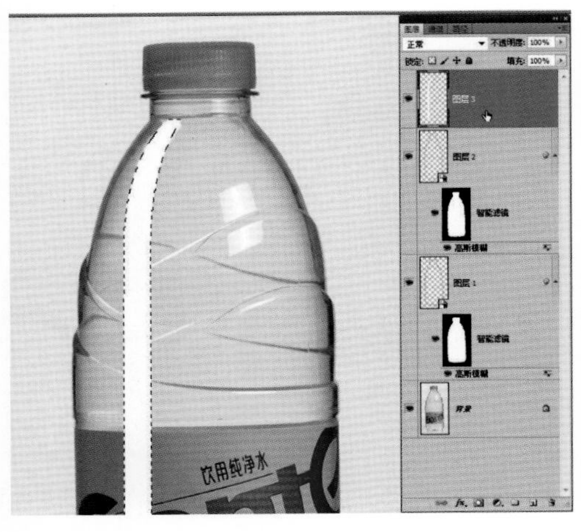

图 6-9-11

图 6-9-12

（13）新建图层，选择“渐变工具”，在【渐变编辑器】中调节黑白灰的色标位置，如图 6-9-13 所示。

（14）使用调节好的渐变对新图层的瓶身选区进行填充，如图 6-9-14 所示。

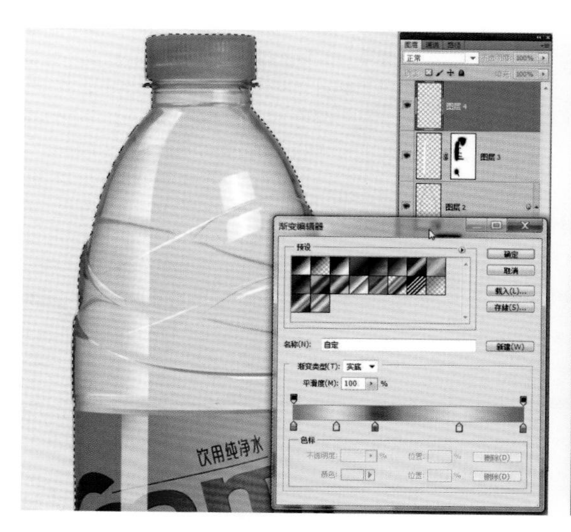

图 6-9-13

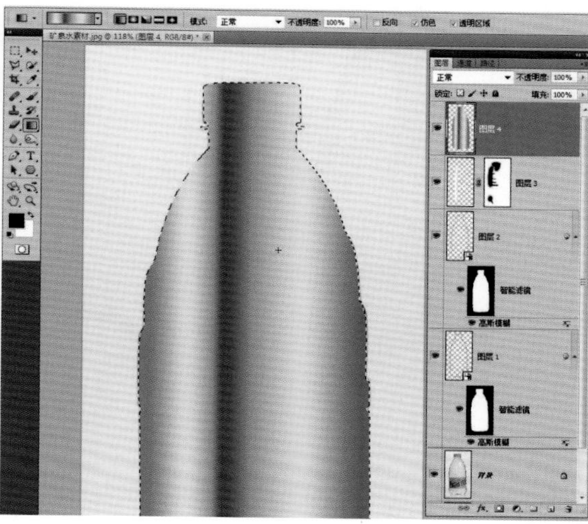

图 6-9-14

（15）将渐变层的混合模式改为柔光，打造瓶身的明暗光感，如图 6-9-15 所示。

（16）双击背景层将其改为普通层，如图 6-9-16 所示。

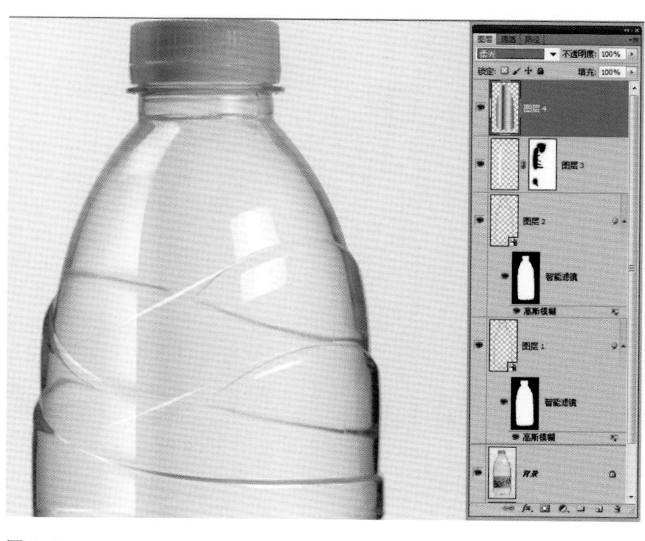

图 6-9-15

图 6-9-16

（17）载入瓶身的选区，执行反选删除，让背景透明，存储文件，如图 6-9-17 所示。

（18）使用菜单命令“文件 > 新建”新建一个文档，如图 6-9-18 所示。

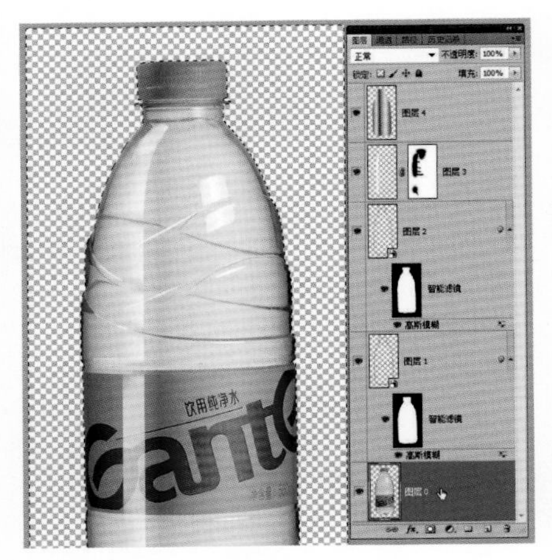

图 6-9-17

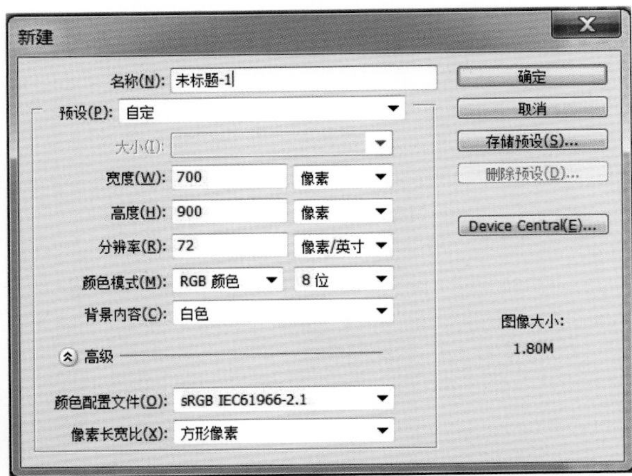

图 6-9-18

（19）新建图层，使用“渐变工具”，选择【径向渐变】选项并调节从白到蓝的渐变颜色，如图 6-9-19 所示。

（20）对新图层进行渐变填充，如图 6-9-20 所示。

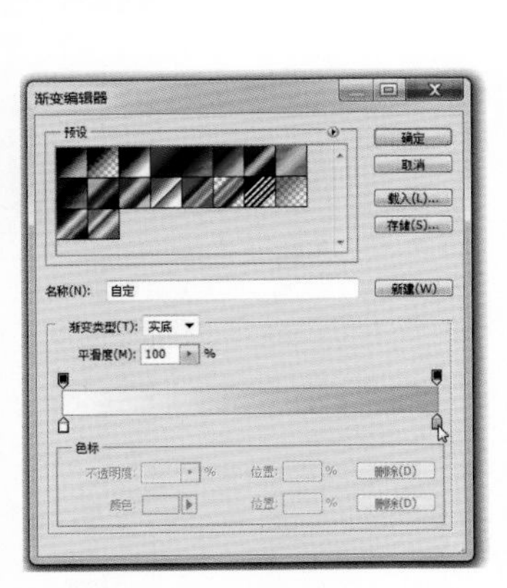

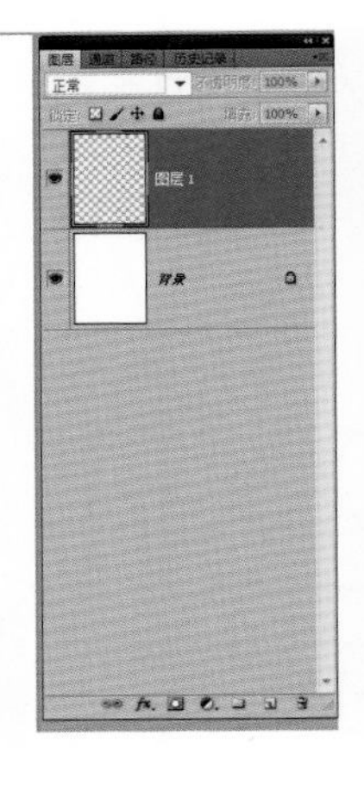

图 6-9-19

图 6-9-20

（21）移入水花素材，将其图层的混合模式调节为正片叠底，屏蔽其白色对水花进行抠图，如图 6-9-21 所示。

（22）移入制作好的矿泉水文件，调节其大小和位置，如图 6-9-22 所示。

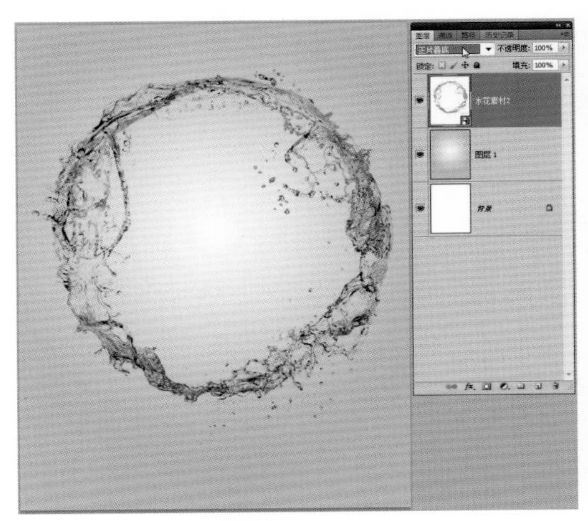

图 6-9-21

图 6-9-22

（23）新建图层，创建椭圆羽化选区，填充深一度的蓝色，作为矿泉水瓶的投影，如图 6-9-23 所示。

图 6-9-23

（24）最终效果，如图 6-9-24 所示。

图 6-9-24

6.10 综合商业案例：室内效果图修饰

［制作思路］调节明暗与对比度，分区域调节色彩平衡，移入配景。

［技术看点］曲线、色彩平衡、自由变换、图层蒙板。

（1）打开室内大厅素材图片，如图 6-10-1 所示。

图 6-10-1

（2）画面比较灰暗、明暗对比不够，建立“曲线调整图层”，增加整体的亮度，如图 6-10-2 所示。

图 6-10-2

（3）建立“色彩平衡调整图层”，在【中间调选项】调节数值使整体偏明亮和冷色，如图 6-10-3 所示。

图 6-10-3

（4）再次建立“曲线调整图层”，提高对比度，如图 6-10-4 所示。

图 6-10-4

（5）将通道图层移入到文档中，作为室内大厅的上一层，如图 6–10–5 所示。

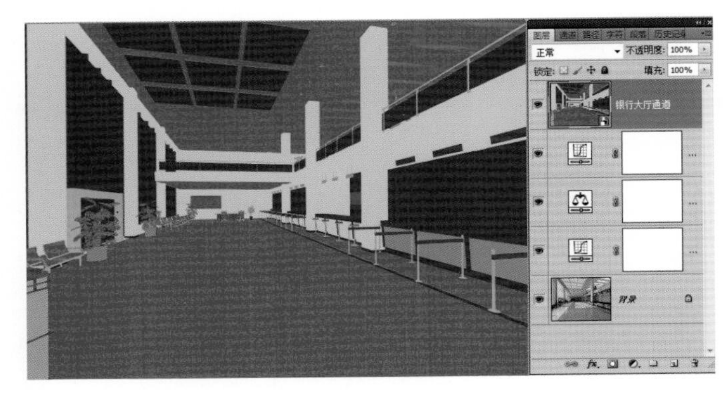

图 6-10-5

（6）使用“魔棒工具”，选项栏中不勾选【连续】，选择通道图像中的玻璃部分，建立“色彩平衡调整图层”，如图 6–10–6 所示。

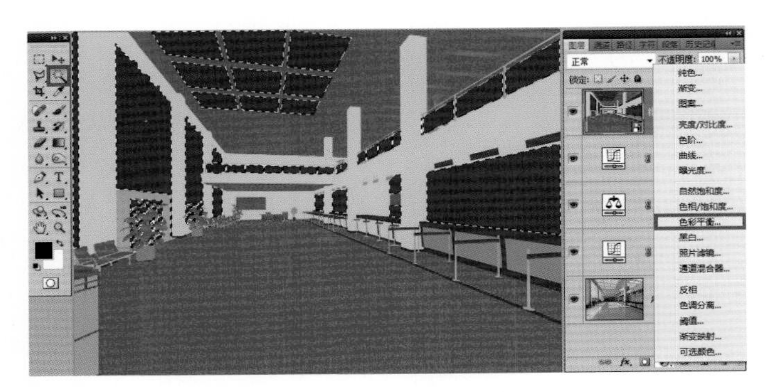

图 6-10-6

（7）隐藏通道图层，调节“色彩平衡调整图层”的【中间调】选项，让玻璃偏青，如图 6–10–7 所示。

图 6-10-7

（8）【高光】选项中调节蓝色的数值为 10，让高光部分再冷一些，如图 6-10-8 所示。

（9）显示通道图层，在通道图层使用“魔棒工具”，降低【容差值】为 10，选项栏中不勾选【连续】，选择通道图像中的地面部分，建立“色彩平衡调整图层”，如图 6-10-9 所示。

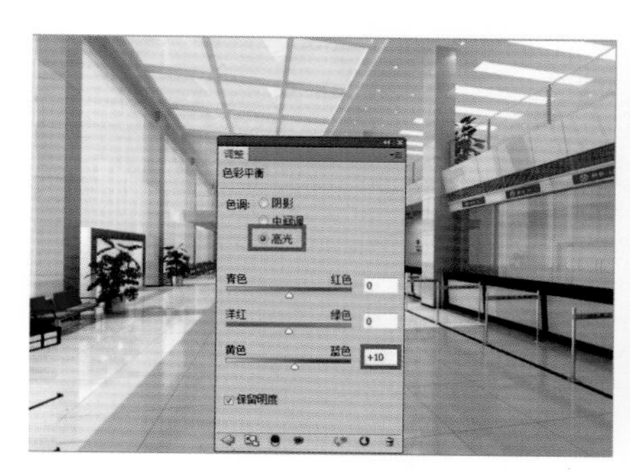

图 6-10-8

图 6-10-9

（10）隐藏通道图层，调节“色彩平衡调整图层”的【中间调】选项，让地面偏红偏蓝，稍微泛暖，如图 6-10-10 所示。

（11）显示通道图层，在通道图层使用“魔棒工具”，选项栏中不勾选【连续】，选择通道图像中的植物部分，可以用其他选区工具减选掉棚顶多余的选区，建立“曲线调整图层”，如图 6-10-11 所示。

图 6-10-10

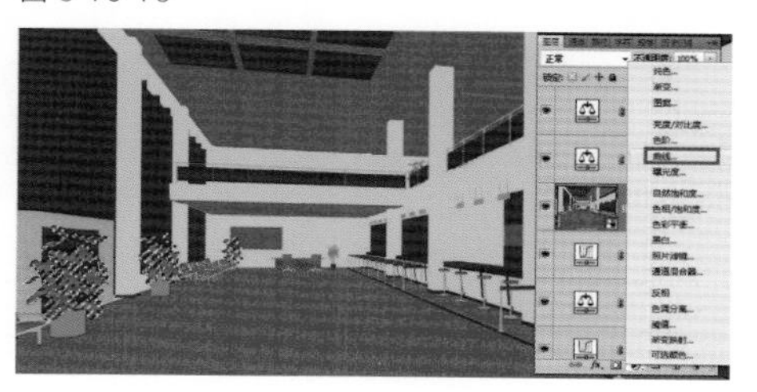

图 6-10-11

（12）调节曲线增加植物的亮度与对比度，如图 6–10–12 所示。

（13）打开人物素材，使用“移动工具”将人物素材移动到当前文档中，如图6–10–13所示。

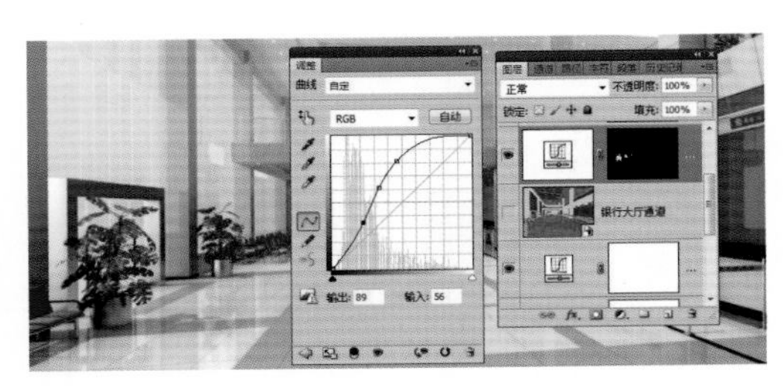

图 6-10-12

图 6-10-13

（14）使用“自由变换”调节人物的方向、位置和大小，如图 6–10–14 所示。

（15）复制人物图层，使用“自由变换”将复制的图层进行垂直翻转并调节倾斜，制作倒影，如图 6–10–15 所示。

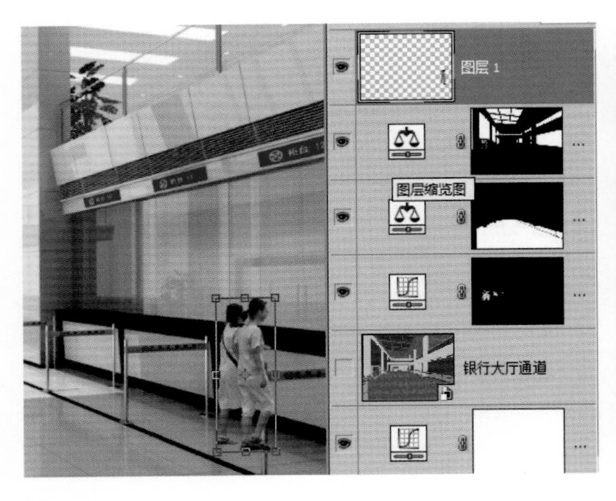

图 6-10-14

图 6-10-15

（16）在倒影图层添加图层蒙板，并使用黑白渐变工具编辑蒙板，让倒影图像渐隐。找到背景层，选择栏杆区域，回到人物层按住 Alt 反向添加蒙板，如图 6–10–16 所示。

（17）栏杆选区内的人物腿部被隐藏了，人物与景观的互动更加真实，最后效果如图6-10-17所示。

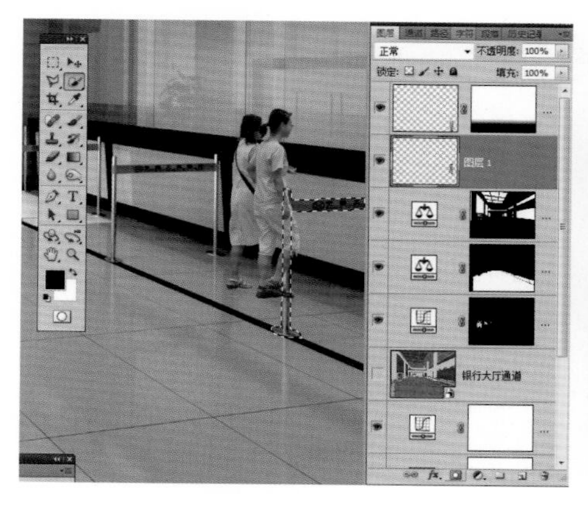

图6-10-16

图6-10-17

（18）使用同样的方法移入其他的配景素材进行制作，最后效果如图6-10-18所示。

图6-10-18

Photoshop

参考文献

[1] 李建芳，高爽 . Photoshop CS 平面设计（第二版）[M]. 北京：清华大学出版社，2010.

[2] 李金明，李金荣 . Photoshop CS5 完全自学教程 [M]. 北京：人民邮电出版社，2010.

[3] 林兆胜 . Photoshop CS5 超级抠图宝典 [M]. 北京：清华大学出版社，2011.

[4] 曾宽，潘擎 . 抠图 + 修图 + 调色 + 合成 + 特效 Photoshop 核心应用 5 项修炼 [M]. 北京：人民邮电出版社，2013.

[5] 思维数码 . Photoshop 平面广告设计精粹 [M]. 北京：科学出版社，2010.

[6] 李涛 . Photoshop CS5 中文版案例教程 [M]. 北京：高等教育出版社，2012.